BIANDIAN YUNWEI ZHUANYE JINENG PEIXUN JIAOCAI

**DIANXING ANLI**

# 变电运维专业技能培训教材
# 典型案例

国家电网有限公司设备管理部　编

中国电力出版社
CHINA ELECTRIC POWER PRESS

# 内 容 提 要

为提升一线运维人员"设备主人"履职能力和规范化作业水平。国家电网有限公司设备管理部（简称国网设备部）编写《变电运维专业技能培训教材》（共 3 册）。

本书为《典型案例》分册，共分为 4 章，包括变电站故障及缺陷管理规定、事故案例、主动运维管理规定及缺陷案例、现场安全管理规定及管理问题案例等。

本书可供变电运维一线作业人员及相关管理人员学习参考。

**图书在版编目（CIP）数据**

变电运维专业技能培训教材. 典型案例/国家电网有限公司设备管理部编. —北京：中国电力出版社，2021.2（2024.10 重印）

ISBN 978-7-5198-5421-8

Ⅰ．①变… Ⅱ．①国… Ⅲ．①变电所–电力系统运行–技术培训–教材 Ⅳ．①TM63

中国版本图书馆 CIP 数据核字（2021）第 035346 号

出版发行：中国电力出版社
地　　址：北京市东城区北京站西街 19 号（邮政编码 100005）
网　　址：http://www.cepp.sgcc.com.cn
责任编辑：肖　敏（010-63412363）
责任校对：黄　蓓　于　维
装帧设计：赵丽媛
责任印制：石　雷

印　　刷：三河市万龙印装有限公司
版　　次：2021 年 2 月第一版
印　　次：2024 年 10 月北京第五次印刷
开　　本：787 毫米×1092 毫米　16 开本
印　　张：8.25
字　　数：177 千字
定　　价：60.00 元

　　电网是国家重要的基础设施和战略设施，电力安全至关重要。变电站设备是保障电网安全运行、确保电力可靠供应的重要物质基础。变电运维人员是保障电网设备安全稳定运行的核心专业队伍，运维质量直接关系着电网设备安全，责任重大。"十三五"以来，国家电网有限公司（简称"国网公司"）所辖变电设备规模不断扩大，变电站数量增长42%，变电运维工作量不断增长，同时，变电站主辅监控、智能巡视、一键顺控等新技术广泛应用，对变电运维人员的责任心、业务素质、队伍能力提出了更高的要求。

　　为指导一线人员学习新业务知识，助力"无人值班+集中监控"运维新模式转型升级，打造"设备主人+全科医生"型专业队伍，提升一线运维人员履职能力和规范化作业水平。国网设备部在充分调研总结基础上，结合现场需要，编写《变电运维专业技能培训教材》，包括《理论知识》《实操技能》《典型案例》3个分册。本套教材采用"文字+视频（二维码）"的出版形式，丰富读者阅读体验，服务生产一线人员。

　　本书为《典型案例》分册，共分为4章，包括变电站故障及缺陷管理规定、事故案例、主动运维管理规定及缺陷案例、现场安全管理规定及管理问题案例等变电运维人员应当深入学习，汲取经验教训的实际案例类内容。本书注重结合典型案例阐述相关管理规定，让读者一方面深入了解事故根源，增强防范事故意识，及时防微杜渐；另一方面提升其使用主动巡视、带电检测、在线监测等主动运维新技术发现缺陷的能力。本书可供变电运维一线作业人员及相关管理人员学习参考。

　　鉴于变电运维新技术快速发展，新装备不断涌现，各类作业规范要求不断补充，本书虽经认真编写、校订和审核，仍难免有疏漏和不足之处，需要不断地修订和完善，欢迎广大读者提出宝贵意见和建议，使之更臻成熟。

编　者

2021年2月

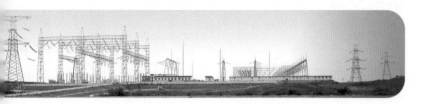

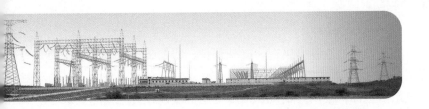

# 变电站故障及缺陷管理规定

变电站典型事故
（异常）案例及
运维管理要求

## 一、故障管理

### （一）故障处置基本原则

（1）迅速限制故障发展，消除故障根源，解除对人身、电网和设备安全的威胁。

（2）调整并恢复正常电网运行方式，电网解列后要尽快恢复并列运行。

（3）尽可能保持正常设备的运行和对重要用户及厂用电、变电站用电的正常供电。

（4）尽快恢复对已停电的用户和设备供电。

### （二）故障处理步骤

（1）运维人员应及时到达现场进行初步检查和判断，将天气情况、监控信息及保护动作简要情况向调控人员做汇报。

（2）现场有工作时应通知现场人员停止工作、保护现场，了解现场工作与故障是否关联。

（3）涉及变电站用电源消失、系统失去中性点时，应根据调控人员指令倒换运行方式并投退相关继电保护。

（4）详细检查继电保护、安全自动装置动作信号、故障相别、故障测距等故障信息，复归信号，综合判断故障性质、地点和停电范围，然后检查保护范围内的设备情况。将检查结果汇报调控人员和上级主管部门。

（5）检查发现故障设备后，应按照调控人员指令将故障点隔离，将无故障设备恢复送电。

### （三）故障汇报要求

立即汇报。系统发生故障时，相关运维单位应立即向对应调度汇报：① 故障发生时间；② 故障后变电站内一次设备状态变化情况；③ 变电站内有无设备运行状态（电压、电流和功率）越限，有无须进行紧急控制的设备；④ 周边天气及其他可直接观测现象。

#### 1. 有人值守变电站

（1）5min 内汇报：保护、安全控制（简称安控）动作情况，故障类型、断路器跳闸及重合闸动作情况。

1

（2）15min 内汇报：一、二次设备检查基本情况，确认保护、安控装置是否全部正确动作，确认是否具备试送条件。

（3）30min 内汇报：变电站内全部保护动作情况，故障测距情况，按对应调度要求传送事件记录、故障录波图、故障情况报告和现场照片等材料。

2. 无人值守变电站

（1）10min 内监控汇报：保护、安控动作情况，故障类型、断路器跳闸及重合闸动作情况，通知运维人员赶赴现场情况。

（2）20min 内监控汇报：变电站内全部保护动作情况、故障测距情况，确认保护、安控装置是否全部正确动作，根据相关条件确认是否具备远方试送条件。

（3）运维人员到达现场后 20min 内汇报：相关一、二次设备检查基本情况，若故障设备尚未恢复运行，由现场运维人员确认是否具备试送条件，补充汇报变电站内全部保护动作情况和故障测距情况；按对应调度要求传送事件记录、故障录波图、故障情况报告和现场照片等材料。汇报时间要求，各级调度略有差异，需按照管辖调度的具体要求执行。

## 二、缺陷管理

### （一）缺陷分类

#### 1. 危急缺陷

设备或建筑物发生了直接威胁安全运行并须立即处理的缺陷，否则，随时可能引发设备损坏、人身伤亡、大面积停电、火灾等事故。

#### 2. 严重缺陷

对人身或设备有严重威胁，暂时能坚持运行但须尽快处理的缺陷。

#### 3. 一般缺陷

上述危急、严重缺陷以外的设备缺陷，指性质一般、情况较轻、对安全运行影响不大的缺陷。

### （二）缺陷发现、建档及上报

（1）检修、试验人员发现的设备缺陷应及时告知运维人员。

（2）发现缺陷后，运维班负责参照缺陷定性标准进行定性，及时启动缺陷管理流程。

（3）在 PMS 系统中登记设备缺陷时，应严格按照缺陷标准库和现场设备缺陷实际情况对缺陷主设备、设备部件、部件种类、缺陷部位、缺陷描述以及缺陷分类依据进行选择。

（4）对缺陷标准库未包含的缺陷，应根据实际情况进行定性，并将缺陷内容记录清楚。

（5）对不能定性的缺陷，应由上级单位组织讨论确定。

（6）对可能会改变一、二次设备运行方式或影响集中监控的危急、严重缺陷，应向相应调控人员汇报。缺陷未消除前，运维人员应加强设备巡视。

（三）缺陷处理

（1）设备缺陷的处理时限。

1）危急缺陷处理不超过 24h；

2）严重缺陷处理不超过 1 个月；

3）须停电处理的一般缺陷不超过 1 个检修周期，可不停电处理的一般缺陷原则上不超过 3 个月。

（2）发现危急缺陷后，应立即通知调控人员采取应急处理措施。

（3）危机及严重缺陷未消除前，根据缺陷情况，运维单位应组织制订预控措施和应急预案。

（4）对于影响遥控操作的缺陷，应尽快安排处理，处理前后均应及时告知调控中心，并做好记录。必要时配合调控中心进行遥控操作试验。

（四）消缺验收

（1）缺陷处理后，运维人员应进行现场验收，核对缺陷是否消除。

（2）验收合格后，待检修人员将处理情况录入 PMS 系统后，运维人员再将验收意见录入 PMS 系统，完成闭环管理。

**第二章**

# 事 故 案 例

培训目标：通过学习本章内容，学员可以了解变电专业近年的典型事故案例，总结故障（异常）经验、吸取教训，落实相关运维管理要求，提升运维人员故障（异常）分析判断能力和专业管理水平。

## 第一节  电气误操作事故

### 一、一次电气设备误操作事故

**案例 1**　**倒闸操作走错间隔，带电误合接地开关**

1. 事故经过

××日，××公司 500kV××变电站，运维人员收到××调度令，操作任务为：500kV 2 号母线由运行转检修，场区行动间隔示意图如图 2-1-1 所示。当执行到第 119 项"推上 5217 接地开关"时，操作人陈××和杨××在主控室进行监控远方操作，操作失败后，向副站长姚××进行汇报，姚××现场检查机构外观无明显异常，通知再次监控远方操作，

图 2-1-1　误操作人员场区行动间隔示意图

连续五次监控远方操作失败后，姚××采用"五防"电脑钥匙调试密码功能进行现场解锁，就地电动操作，推上 5217 接地开关，"五防"电脑操作钥匙操作菜单显示如图 2-1-2 所示。准备远方操作 500kV 2 号母线 5227 接地开关时，姚××误入 500kV 1 号母线 5127 接地开关间隔，擅自使用"五防"电脑钥匙调试密码功能进行现场就地解锁，误合 5127 接地开关，导致 1 号母线差动保护动作跳闸。5127 接地开关外观和故障点如图 2-1-3 所示。

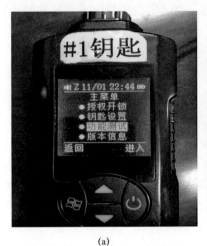
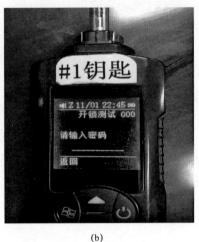

(a) (b)

图 2-1-2 "五防"电脑操作钥匙操作菜单显示
(a)"五防"电脑操作钥匙操作主菜单；(b)开锁测试界面

(a) (b)

图 2-1-3 5127 接地开关外观和故障点
(a) 5127 接地开关外观；(b) 故障点位置

2. 涉及条款

（1）操作前应先核对系统方式、设备名称、编号和位置。（Q/GDW 1799.1—2013《国家电网公司电力安全工作规程 变电部分》5.3.6.2）

（2）操作人员应明确操作目的和顺序，分析操作过程中可能出现的危险点并采取相应的措施。按操作票逐项唱票、复诵、监护、操作，确认设备状态与操作票内容相符并打勾。（国家电网安监〔2018〕1119号《防止电气误操作安全管理规定》3.1.3）

（3）倒闸操作应有值班调控人员、运维负责人正式发布的指令，并使用经事先审核合格的操作票，按操作票填写顺序逐项操作。（《国家电网公司变电运维管理规定》第六十六条）

（4）对于存在"调试解锁"或"密码跳步"功能的电脑钥匙应由厂家进行技术屏蔽。厂家进行解锁调试工作，应使用专用调试钥匙，调试钥匙应与电脑钥匙有颜色等明显的外观区分，不得交给现场其他人员使用。（国家电网安监〔2018〕1119号《防止电气误操作安全管理规定》2.2.1）

（5）强化违章解锁红线意识。通过培训、安全分析会、班组安全日活动等多种形式，提高运维人员防误技术技能水平，在职工中进一步强化任何情况下不违章解锁、不违章操作的红线意识。明确安全职责。操作人以外的管理人员、班组长、值班负责人、监护人员等非操作人员，不得进行设备操作；检修人员以及施工人员不得操作运行设备。做好现场安全监督。现场工作人员要相互关心工作安全，工作中互相监督，发现违章行为立即制止；现场管理人员要到岗到位到责，对现场工作严格监督检查，切实履行安全监督职责。（国家电网安监〔2018〕1119号《防止电气误操作安全管理规定》3.1）

3. 应对措施

（1）严格执行倒闸操作管理规定，以正式的调控指令为准，使用经事先审核合格的操作票，由监护人、操作人按顺序逐项操作。非操作人员、现场检查人员不得执行操作。

（2）全面落实"五防"管理规定，严格执行解锁钥匙管理制度，强化解锁钥匙使用审批流程管理。

（3）全面核查电脑钥匙调试功能解锁密码设置情况，严禁使用解锁密码。强化软件程序管理，要求供货厂家取消调试模式，屏蔽解锁功能，对违规使用情况进行责任追溯和考核。

## 案例 2 设备投运前未核对运行方式，带接地开关送电

1. 事故经过

××日，××公司220kV××变电站Ⅳ母停电，开展新扩建的220kV××Ⅰ线和××Ⅱ线间隔相关设备试验及调试工作。为验证母差保护动作切除运行元件选择正确，当值值班长张××（代理站长）会同工作负责人张××分别将××Ⅰ线247间隔、××Ⅱ线248间隔GIS汇控柜内操作联锁"解除"，退出"五防"闭锁软压板，并监护见习值班员贡××、杨××分别将247、248断路器及2472、2482隔离开关解锁合上。××Ⅰ线和Ⅱ线间隔相关设备试验及调试工作全部结束后，值班长张××在未拉开2472、2482隔离开关的情况下办理了两张工作票的工作票终结手续，将现场工作结束并汇报当值调度员。随后调度员下令对220kVⅣ母进行送电操作。在执行"220kVⅡ/Ⅳ母母联224断路器由热备用状态转运行状态"操作任务，操作到第3步"合上220kVⅡ/Ⅳ母母联224断路器"时，220kVⅢ/Ⅳ母母差保护动作，224断路器跳闸，最终导致发生带接地开关合断路器误操作事故。变电站系统接线图如图2-1-4所示。

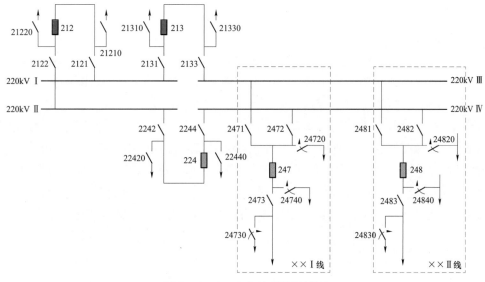

图 2-1-4 变电站系统接线图

2. 涉及条款

（1）设备检修后合闸送电前，检查送电范围内接地开关（装置）已拉开，接地线已拆除。（Q/GDW 1799.1—2013《国家电网公司电力安全工作规程　变电部分》5.3.4.3）

（2）解锁工具（钥匙）应封存保管，所有操作人员和检修人员禁止擅自使用解锁工具。（Q/GDW 1799.1—2013《国家电网公司电力安全工作规程　变电部分》5.3.6.5）

（3）组合电器电气闭锁装置禁止随意解锁或者停用。正常运行时，汇控柜内的闭锁控制钥匙应严格按照 Q/GDW 1799.1—2013《国家电网公司电力安全工作规程　变电部分》的相关规定保管使用。（《国家电网公司变电运维管理规定》第 3 分册 2.2.1）

（4）待工作票上的临时遮栏已拆除，标示牌已取下，已恢复常设遮栏，未拆除的接地线、未拉开的接地开关（装置）等设备运行方式已汇报调控人员，工作票方告终结。（Q/GDW 1799.1—2013《国家电网公司电力安全工作规程　变电部分》6.6.5）

3. 应对措施

（1）切实落实防误操作工作责任制，各单位应设专人负责防误装置的运行、维护、检修、管理工作。定期开展防误闭锁装置专项隐患排查，分析防误操作工作存在的问题，及时消除缺陷和隐患，确保其正常运行。（《国家电网有限公司十八项电网重大反事故措施（2018 年修订版）及编制说明》4.1.1）

（2）加强调控、运维和检修人员的防误操作专业培训，严格执行操作票、工作票（"两票"）制度，并使"两票"制度标准化，管理规范化。（《国家电网有限公司十八项电网重大反事故措施（2018 年修订版）及编制说明》4.1.3）

（3）严格执行操作指令。倒闸操作时，应按照操作票顺序逐项执行，严禁跳项、漏项，严禁改变操作顺序。当操作产生疑问时，应立即停止操作并向发令人报告，并禁止单人滞留在操作现场。待发令人确认无误并再行许可后，方可进行操作。严禁擅自更改操作票，

严禁随意解除闭锁装置。(《国家电网有限公司十八项电网重大反事故措施（2018 年修订版）及编制说明》4.1.4)

（4）制订完备的解锁工具（钥匙）管理规定，严格执行防误闭锁装置解锁流程，任何人不得随意解除闭锁装置，禁止擅自 使用解锁工具（钥匙）。(《国家电网有限公司十八项电网重大反事故措施（2018 年修订版）及编制说明》4.1.5)

（5）GIS 联锁开关操作钥匙管理应等同于解锁工具（钥匙），不准随意解除，解锁工具（钥匙）应封存保管，所有操作人员和检修人员禁止擅自使用解锁工具（钥匙）。若遇特殊情况需解锁操作，应经运维管理部门防误操作装置专责人或运维管理部门指定并经书面公布的人员到现场核实无误并签字后，由运维人员告知当值调控人员，方能使用解锁工具（钥匙）。(Q/GDW 1799.1—2013《国家电网公司电力安全工作规程 变电部分》5.3.6.5)

## 二、二次设备误操作事故

 **案例 3 未经许可误投失灵压板，造成保护误动**

1. 事故经过

××日，××变电站 500kV×× Ⅰ 线 5123 断路器无故障跳闸（5122 断路器检修）。经查，5123 断路器无故障跳闸原因为：该变电站年检期间，施工单位在进行 5122 断路器保护测试时违反工作票中安全措施及现场技术交底工作要求，在未征得当班运行值班人员许可情况下，擅自投入"5122 断路器失灵保护启动 5123 断路器三相跳闸 1"压板，导致 5122 断路器保护校验时 5123 断路器跳闸。该屏柜为检修屏柜，属于工作范围，柜门未上锁，压板已用红色胶布标记，禁止投入。

2. 涉及条款

（1）对继电保护、安全自动装置等二次设备操作，应制订正确操作方法和防误操作措施。智能变电站保护装置投退应严格遵循规定的投退顺序。(《国家电网有限公司十八项电网重大反事故措施（2018 年修订版）及编制说明》4.1.8)

（2）在运行设备的二次回路上进行拆、接线工作，在对检修设备执行隔离措施时，需拆断、短接和恢复运行设备有联系的二次回路工作等复杂保护装置或有联跳回路的保护装置工作，应填用"二次工作安全措施票"。(国家电网安监〔2018〕1119 号《防止电气误操作安全管理规定》5.3.2)

（3）二次设备防误应做到：a）防止误碰、误动运行的二次设备；b）防止误（漏）投或停继电保护及安全自动装置；c）防止误整定、误设置继电保护及安全自动装置的定值；d）防止继电保护及安全自动装置操作顺序错误。(国家电网安监〔2018〕1119 号《防止电气误操作安全管理规定》1.5)

（4）检修中遇有下列情况应填用二次工作安全措施票：a）在运行设备的二次回路上进行拆、接线工作。b）在对检修设备执行隔离措施时，需拆断、短接和恢复同运行设备有联系的二次回路工作。(Q/GDW 1799.1—2013《国家电网公司电力安全工作规程 变电部分》13.3)

3. 应对措施

（1）加强调控、运维和检修人员的防误操作专业培训，严格执行操作票、工作票（"两票"）制度，并使"两票"制度标准化，管理规范化。（《国家电网有限公司十八项电网重大反事故措施（2018年修订版）及编制说明》4.1.3）

（2）在全部或部分带电的运行屏（柜）上进行工作时，应将检修设备与运行设备以明显的标志隔开。（Q/GDW 1799.1—2013《国家电网公司电力安全工作规程 变电部分》13.8）

（3）运维人员应对运行及影响运行的设备、压板、把手等装置做详细的隔离措施，必要时加装防止误碰、误整定、误接线设施，并在工作票中做详细说明，告知工作负责人不得擅自变更安全措施或扩大工作范围。

（4）严格执行"两票三制"（两票：工作票、操作票，三制：交接班制、巡回检查制、设备定期试验轮换制），落实好各级人员安全职责，并按要求规范填写"两票"内容，确保安全措施全面到位。（《国家电网有限公司十八项电网重大反事故措施（2018年修订版）及编制说明》1.7.1）

（5）继电保护现场工作：a）执行Q/GDW 267—2009《继电保护和电网安全自动装置现场工作保安规定》相关要求；相邻的运行柜（屏）前后应有"运行中"的明显标志（如红布帘、遮栏等），工作人员在工作前应确认设备名称与位置，防止走错间隔；b）未经运行人员许可不得触及运行设备；c）不违规参与保护装置的投停操作。（调技〔2015〕120号《国调中心关于印发〈电网调度控制运行安全风险辨识防范手册（2015年版）〉的通知》6.7.1）

# 第二节 变电站全停（站用交流失电）事故

## 一、站用交流失电事故

**案例4 站用变压器 TA 二次绕组准确级错误，保护误动**

1. 事故经过

××日，××变电站5643交流滤波器A相故障跳闸，同时500kV511B和512B站用变压器跳闸，造成××变电站仅剩单回外电源供电。经分析两台站用变压器跳闸原因为站用变压器接入零序分量差动保护回路的TA二次绕组准确级错误（接入计量级绕组，非保护级绕组），导致交流滤波器故障时，站用变压器零序差动保护动作误出口。TA结构图如图2-2-1所示。

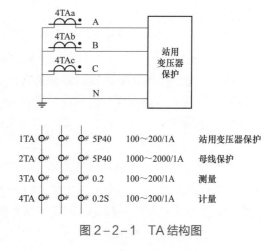

| | | | | | |
|---|---|---|---|---|---|
| 1TA | # | # | # | 5P40 | 100~200/1A | 站用变压器保护 |
| 2TA | # | # | # | 5P40 | 1000~2000/1A | 母线保护 |
| 3TA | # | # | # | 0.2 | 100~200/1A | 测量 |
| 4TA | # | # | # | 0.2S | 100~200/1A | 计量 |

图2-2-1 TA结构图

2．涉及条款

（1）所有保护用电流回路在投入运行前，应在负荷电流满足电流互感器精度和测量表计精度的条件下测定变比、极性以及电流和电压回路相位关系正确性。（《国家电网有限公司十八项电网重大反事故措施（2018 年修订版）及编制说明》15.4.3）

（2）应根据系统短路容量合理选择电流互感器的容量、变比和特性，满足保护装置整定配合和可靠性的要求。（《国家电网有限公司十八项电网重大反事故措施（2018 年修订版）及编制说明》15.1.9）

（3）母线差动、变压器差动和发变组差动保护各支路的电流互感器应优先选用准确限值系数（ALF）和额定拐点电压较高的电流互感器。（《国家电网有限公司十八项电网重大反事故措施（2018 年修订版）及编制说明》15.1.12）

3．应对措施

（1）验收时，运维人员应要求安装调试单位将保护装置的调试、整定情况及设备能否投运的结论记录在继电保护记录簿中，并签名确认，确保验收质量。

（2）对于基建、技改工程，应以保证设计、调试和验收质量为前提，合理制订工期，严格执行相关技术标准、规程、规定和反事故措施，不得为赶工期减少调试项目，降低调试质量。验收单位应制订详细的验收标准和合理的验收时间。（《微机继电保护装置运行管理规程》10.9）

（3）加强现场工作管理：a）针对重要工程，调控机构应加强对施工方案以及组织措施、技术措施和安全措施的审查；b）制订典型安全措施票及标准化作业指导书，规范现场运维和检修工作；c）加强对变电站现场运行规程的审核，细化智能设备各类报文、信号、硬压板、软压板的使用说明和异常处置方法。（调技〔2015〕120 号《国调中心关于印发〈电网调度控制运行安全风险辨识防范手册（2015 年版）〉的通知》6.7.2）

## 二、站用交直流失电事故

### 案例5 站用交直流同时失电，造成保护拒动

1．事故经过

××日，××公司 35kV××Ⅲ线电缆中间头爆裂，沟道内可燃气体引发闪爆。同时 330kV××变电站 1、2、0 号站用变压器因低压脱扣全部失电，且蓄电池未正常联接在直流母线上，全变电站保护及控制回路失去直流电源，保护无法动作造成故障越级，扩大停电范围，330kV 线路对侧延时切除故障引起变压器烧损，造成 1 座 330kV 变电站及 8 座 110kV 变电站失压，共计损失负荷 24.3 万 kW。

2．涉及条款

（1）变电站内如没有对电能质量有特殊要求的设备，应尽快拆除低压脱扣装置。若需装设，低压脱扣装置应具备延时整定和面板显示功能，延时时间应与系统保护和重合闸时间配合，躲过系统瞬时故障。（《国家电网有限公司十八项电网重大反事故措施（2018 年修订版）及编制说明》5.2.1.8）

（2）站用直流电源系统运行时，禁止蓄电池组脱离直流母线。（《国家电网有限公司十八项电网重大反事故措施（2018年修订版）及编制说明》5.3.3.5）

（3）直流母线在正常运行和改变运行方式的操作中，严禁发生直流母线无蓄电池组的运行方式。（《国家电网公司变电运维管理规定》第24分册1.1.4）

3. 应对措施

（1）运维人员应熟练掌握站点直流系统接线方式，在切换操作、核对性充放电或改造施工时，均应实时检查确认容量合格的蓄电池组投入母线运行，必要时填写运行日志记录。

（2）开展直流系统专项隐患排查，特别要对各电压等级变电站直流系统改造工程，全面排查整治组织管理、施工方案、现场作业中的安全隐患和薄弱环节，防止直流等二次系统设备问题导致事故扩大。

（3）加强变电站改造施工安全管理，严格落实施工改造项目各方安全责任制，严格施工方案的编制、审查、批准和执行，做好施工安全技术交底。严把投产验收关，防止设备验收缺项漏项，杜绝改造工程遗留安全隐患。

## 三、保护拒动事故

**案例6 启动失灵压板漏投导致全站失压**

1. 事故经过

××日，××公司330kV××变电站（3/2断路器接线）330kV第四串Ⅱ母侧扩建设备启动时，未对Ⅰ母侧已运行的330kV××线保护压板状态进行检查，漏投××线两套线路保护跳中断路器出口压板及启动失灵压板。次年××月××日，330kV××线发生单相接地故障后中断路器无法跳闸，同时断路器失灵保护无法启动，故障不能及时切除，造成××变电站其余五回330kV出线对侧后备保护动作跳闸，××变电站全停。变电站系统接线图如图2-2-2所示。

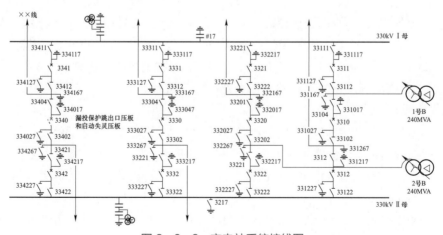

图2-2-2 变电站系统接线图

2. 涉及条款

（1）改扩建工程送电前、后当日内二次专业人员应配合运维人员开展改扩建设备二次装置及相关回路压板状态核查，防止漏投或误投。（国家电网运检〔2015〕376 号《国家电网公司关于印发防止变电站全停十六项措施（试行）的通知》4.3）

（2）运维单位应定期开展保护装置专业巡视，制订专业巡视明细表，必须逐间隔、逐项对保护装置软硬压板、切换断路器投退、定值等进行检查核对。（国家电网运检〔2015〕376 号《国家电网公司关于印发防止变电站全停十六项措施（试行）的通知》6.3.3）

3. 应对措施

（1）运维人员应熟悉各类保护动作原则和失灵保护启动条件，掌握压板含义，明确投退原则。

（2）加强"两票"编制审核力度，落实操作票填用、审核制度，确保倒闸操作使用合格的操作票。

（3）严格落实《国家电网公司变电运维管理规定》及《变电运维管理规定细则》中全面巡视及专业巡视要求，按周期开展全面巡视、专业巡视，核查保护压板投退情况。

## 四、保护闭锁事故

**案例 7　运行设备 SV 接收压板未退出，造成保护闭锁事故越级**

1. 事故经过

××日，××公司××330kV 变电站 330kV××Ⅰ线 11 号塔因异物短路，导致发生 A 相接地故障。××Ⅰ线线路对侧保护正确动作跳闸；××Ⅰ线线路本侧两套保护闭锁未动作。××变电站 1、3 号变压器高后备保护、××Ⅱ线线路对侧零序Ⅱ段保护动作切除故障，造成××变电站全站失压。经调查××变电站正在对 2 号变压器及三侧设备进行智能化改造，对 3322、3320 断路器进行机构完善化大修。在执行安全措施时将 3320 断路器汇控柜智能合并单元检修压板投入、未将线路保护装置中"3320 断路器 SV 接收"软压板退出，造成××Ⅰ线两套保护装置闭锁，引起事件扩大。330kV××变电站系统接线如图 2-2-3 所示，330kV××Ⅰ线 11 号均压环放电痕迹如图 2-2-4 所示，330kV××Ⅰ线 11 号横担侧均压环掉落残片如图 2-2-5 所示。

2. 涉及条款

（1）运维单位应在智能变电站现场运行规程中，细化智能设备各类报文、信号、硬压板、软压板的使用说明和异常处置方法，应规范压板操作顺序，现场操作时应严格按照顺序进行操作，并在操作前后检查保护的告警信号，防止误操作事故。（《国家电网有限公司十八项电网重大反事故措施（2018 年修订版）及编制说明》15.7.3.1）

（2）倒闸操作应有值班调控人员、运维负责人正式发布的指令，并使用经事先审核合格的操作票，按操作票填写顺序逐项操作。（《国家电网公司变电运维管理规定》第六十六条）

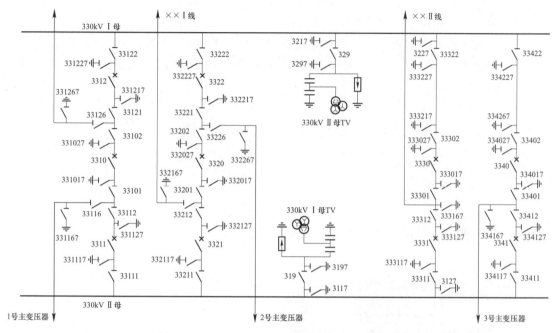

图 2-2-3　330kV ××变电站系统接线图

图 2-2-4　330kV××Ⅰ线
11号均压环放电痕迹

图 2-2-5　330kV××Ⅰ线
11号横担侧均压环掉落残片

（3）变电站现场运行通用规程主要内容应包括一次设备倒闸操作、继电保护及安全自动装置投退操作等的一般原则与技术要求；专用规程主要内容应包括典型操作票（一次设备停复役操作，运行方式变更操作，继电保护及安全自动装置投退操作等）。（《国家电网公司变电运维管理规定》第六十一条）

3. 应对措施

（1）运维人员进行保护装置压板投退、定值区切换、把手切换等二次设备操作，应严格按照现场运行规程、调度指令、定值单等要求执行。（国家电网运检〔2015〕376号《国家电网公司关于印发防止变电站全停十六项措施（试行）的通知》3.3）

（2）对运维人员加强智能化变电站设备的培训，重点学习掌握各种报文、信号、压板的作用和设备状态变化对运行设备的影响及处理措施，提高智能化设备运维、检修水平。（摘自该事故报告）

# 第三节　大型变压器（电抗器）事故

## 一、变压器出口短路事故

**案例8** **变压器高压套管异物引发近区短路故障**

1. 事故经过

图2-3-1　4号主变330kV侧B相套管故障部位

　　××日，××公司330kV××变电站4号主变压器（简称主变）重瓦斯、压力释放及差动保护动作跳闸。现场检查发现4号主变高压侧B相套管根部炸裂，故障部位如图2-3-1所示，根部裂孔处喷油。经调查故障原因为变电站内高压穿墙套管上方铁质百叶窗被大风吹落引起接地短路，掉落的百叶窗及百叶窗脱落后窗口如图2-3-2所示，导致××变电站4号主变中压侧出口近区短路故障。

(a)

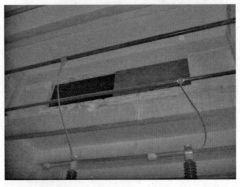

(b)

图2-3-2　掉落的百叶窗及百叶窗脱落后窗口
（a）掉落的百叶窗；（b）百叶窗脱落后窗口

2．涉及条款

（1）定期对变电站内及周边漂浮物、塑料大棚、彩钢板建筑、风筝及高大树木等进行清理，大风前后应进行专项检查，防止异物漂浮造成设备短路。（《国家电网有限公司十八项电网重大反事故措施（2018 年修订版）及编制说明》5.1.3.4）

（2）240MVA 及以下容量变压器应选用通过短路承受能力试验验证的产品；500kV 变压器和 240MVA 以上容量变压器应优先选用通过短路承受能力试验验证的相似产品。变压器生产厂家应提供同类产品短路承受能力试验报告或短路承受能力计算报告。在变压器制造阶段，应进行电磁线、绝缘材料等抽检，并抽样开展变压器短路承受能力试验验证。（《国家电网有限公司十八项电网重大反事故措施（2018 年修订版）及编制说明》9.1）

3．应对措施

（1）220kV 及以上电压等级变压器受到近区短路冲击未跳闸时，应立即进行油中溶解气体组分分析，并加强跟踪，同时注意油中溶解气体组分数据的变化趋势，若发现异常，应进行局部放电带电检测，必要时安排停电检查。变压器受到近区短路冲击跳闸后，应开展油中溶解气体组分分析、直流电阻、绕组变形及其他诊断性试验，综合判断无异常后方可投入运行。（《国家电网有限公司十八项电网重大反事故措施（2018 年修订版）及编制说明》9.1.8）

（2）应定期对变电站内及周边易燃易爆物品进行清理，防止发生突发事故。应定期对变电站内及周边漂浮物、塑料大棚、彩钢板建筑、风筝等进行清理，大风前应进行专项检查，防止异物漂浮造成设备短路。应及时制止变电站附近烧荒、烧秸秆、爆破作业、粉尘排放等行为，防止粉尘污染导致短路。（国家电网运检〔2015〕376 号《国家电网公司关于印发防止变电站全停十六项措施（试行）的通知》12.3）

## 二、变压器保护事故

### 案例 9　变压器 TA 二次线缆绝缘破损引发保护误动作

1．事故经过

××日，××公司 750kV××变电站 2 号变压器 B 套保护零序Ⅱ段动作跳闸，A 套无动作，无负荷损失，现场检查一次设备无异常。经分析，事故原因为 2 号主变 2202 断路器 TA A 相本体二次线盒内 2 号主变保护线缆接绝缘破损（破损部位见图 2-3-3），造成电流回路两点接地，使自产零序电流达到保护装置动作定值，造成保护动作跳闸。2 号主变中压侧电流互感器接线盒处理后情况如图 2-3-4 所示。

2．涉及条款

（1）继电保护及安全自动装置应选用抗干扰能力符合有关规程规定的产品，针对来自系统操作、故障、直流接地等的异常情况，应采取有效防误动措施。（《国家电网有限公司

十八项电网重大反事故措施（2018 年修订版）及编制说明》15.6.6）

（2）户外布置变压器的气体继电器、油流速动继电器、温度计、油位表应加装防雨罩，并加强与其相连的二次电缆结合部的防雨措施，二次电缆应采取防止雨水顺电缆倒灌的措施（《国家电网有限公司十八项电网重大反事故措施（2018 年修订版）及编制说明》9.3.2.1）

(a)           (b)

图 2-3-3 电缆破损部位

(a) 2202 断路器 TA A 相本体二次线盒；(b) 保护线缆接绝缘破损

3. 应对措施

（1）对电流互感器进行巡视时应注意各连接引线及接头无发热、变色迹象，引线无断股、散股。外绝缘表面完整，无裂纹、放电痕迹、老化迹象，防污闪涂料完整无脱落。（《国家电网公司变电运维管理规定》第 6 分册 2.1）

（2）二次电缆穿管应使用金属管，金属管端口处倒角需要处理。使用蛇形管时，需要设计落水孔，所有管道均需要使用防火泥封堵。电缆需要有可靠的固定措施，防止因重力等作用造成外绝缘磨损。要求二次电缆外绝缘层高出金属穿管出口处 3～5cm。

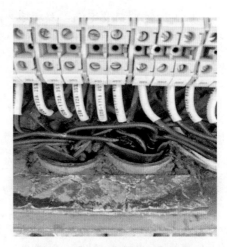

图 2-3-4 2 号主变中压侧电流互感器接线盒处理后情况

## 三、变压器绝缘损坏故障

**案例 10 变压器绕组绝缘损坏，重瓦斯保护动作跳闸**

1. 事故经过

××日，特高压××变电站 1000kV 2 号变压器 C 相出现轻瓦斯报警信号、重瓦斯保护动作跳闸（电气量保护未动作）。油色谱分析结果显示 C 相乙炔含量为 178ppm，三比值为 102，判断为电弧放电。2 号主变 C 相现场吸湿器及取气盒如图 2-3-5 所示。2 号变压器转检修后，C 相直流电阻、短路阻抗、绕组变形试验数据异常，内部检查发现 2 柱高压绕组上部有炭黑痕迹，如图 2-3-6 所示。经分析判定 2 号主变 C 相主体变发生突发匝间短路故障，产生电弧放电，高压绕组存在变形、断股，故障点位于 2 柱高压绕组。

 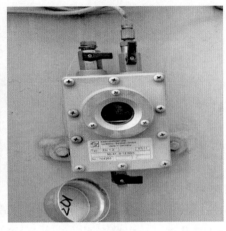

(a)　　　　　　　　　　(b)

图 2-3-5　2 号主变 C 相现场吸湿器及取气盒

（a）2 号主变 C 相现场吸湿器；（b）2 号主变 C 相现场取气盒

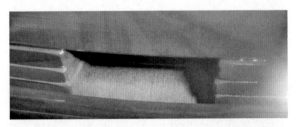

图 2-3-6　2 号主变 C 相内部检查发现炭黑痕迹

2. 涉及条款

（1）关键点见证要求：a）1000（750）kV 变压器关键点见证应逐台逐项进行。b）500（330）kV 变压器应逐台进行关键点的一项或多项验收。c）对首次入网或者有必要的 220kV 及以下变压器应进行关键点的一项或多项验收。d）关键点见证采用查阅制造厂记录、监造记录和现场见证方式。e）物资部门应督促制造厂在制造变压器前 20 天提交制造计划和关键节点时间，有变化时，物资部门应提前 5 个工作日告知运检部门。（《国家电网公司变电验收管理规定》第 1 分册 3.1）

（2）出厂验收要求：a）出厂验收内容包括变压器外观、出厂试验过程和结果。b）1000kV（750kV）变压器出厂验收应对所有项目进行旁站见证验收。c）500kV 及以下变压器出厂验收应对变压器外观、出厂试验中的外施工频耐压试验、操作冲击试验、雷电冲击试验、带局部放电测试的长时感应耐压试验、温升试验或过电流试验等关键项目进行旁站见证验收，其他项目可查阅制造厂记录或监造记录。同时，可对相关出厂试验项目进行现场抽检。d）物资部门应提前 15 天，将出厂试验方案和计划提交运检部门。e）运检部门审核出厂试验方案，检查试验项目及试验顺序是否符合相应的试验标准和合同要求。f）设备投标技术规范书保证值高于本细则验收标准要求的，按照技术规范书保证值执行。g）对关键点见证中发现的问题进行复验。h）试验应在相关的组、部件组装完毕后进行。（《国家电网公司变电验收管理规定》第 1 分册 3.2）

3. 应对措施

（1）240MVA 及以下容量变压器应选用通过短路承受能力试验验证的产品；500kV 变压器和 240MVA 以上容量变压器应优先选用通过短路承受能力试验验证的相似产品。变压器生产厂家应提供同类产品短路承受能力试验报告或短路承受能力计算报告。在变压器制造阶段，应进行电磁线、绝缘材料等抽检，并抽样开展变压器短路承受能力试验验证。（《国家电网有限公司十八项电网重大反事故措施（2018 年修订版）及编制说明》9.1）

（2）220kV 及以上电压等级油浸式变压器和位置特别重要或存在绝缘缺陷的 110（66）kV 油浸式变压器，应配置多组分油中溶解气体在线监测装置。（《国家电网有限公司十八项电网重大反事故措施（2018 年修订版）及编制说明》9.2.3.5）

（3）当变压器本体油色谱在线监测装置告警时，在确认在线监测装置运行正常时，将油色谱在线监测周期改为最短（2h 以下），继续监视。（《国家电网公司变电运维管理规定》第 1 分册）

（4）当变压器一天内连续发生两次轻瓦斯报警时，应立即申请停电检查；非强迫油循环结构且未装排油注氮装置的变压器（电抗器）本体轻瓦斯报警，应立即申请停电检查。（《国家电网有限公司十八项电网重大反事故措施（2018 年修订版）及编制说明》9.2.3.6）

（5）做好变压器、电抗器驻厂监造中关键点见证及出厂验收工作。

**案例 11 变压器长期服役，内部老化电弧放电**

1. 事故经过

××日，××公司 500kV××变电站 1 号变压器故障跳闸，差动保护、本体重瓦斯和压力释放阀动作。变压器 A 相本体表面油漆起皮开裂，周围有明显的喷射状油迹，喷油痕迹如图 2-3-7 所示。经检查，变压器 A 相乙炔为 157.44μL/L、总烃为 602.60μL/L，均严重超标；变压器 B、C 相油色谱试验及电气试验结果正常。经分析，该变压器运行年限过长（36 年），内部绝缘老化严重，正常运行中内部绝缘故障导致高压侧对地短路，发生严重电弧放电并造成变压器损坏。

(a)　　　　　　　　　　　　　　　　(b)

图2-3-7　1号主变A相压力释放阀动作，周围有明显的喷射状油迹

(a)现场喷油痕迹1；(b)现场喷油痕迹2

2. 涉及条款

（1）轻瓦斯动作发信时，应立即对变压器（电抗器）进行检查，查明动作原因，是否因聚集气体、油位降低、二次回路故障或是变压器（电抗器）内部故障造成。如气体继电器内有气体，应立即取气并进行气体成分分析；同时应立即启动在线油色谱装置分析或就近送油样进行分析。当变压器本体油色谱在线监测装置告警时，在确认在线监测装置运行正常时，将油色谱在线监测周期改为最短（2h以下），继续监视。（《国家电网公司变电运维管理规定》第1分册 4.7.2和4.13.2）

（2）应结合设备运行工况和检测数据，开展油色谱分析并缩短油色谱分析周期，跟踪监测变化趋势，查明原因及时处理。（《国家电网有限公司十八项电网重大反事故措施（2018年修订版）及编制说明》8.2.3.2）

3. 应对措施

（1）随着电网系统容量的增大，有条件时可开展对早期变压器产品抗短路能力的校核工作，根据设备的实际情况有选择性地采取措施，包括对变压器进行改造。（DL/T 572—2010《电力变压器运行规程》5.6.8）

（2）对运行年久、温升过高或长期过载的变压器可进行油中糠醛测定，以确定绝缘老化程度，必要时可取纸样做聚合度测量，进行绝缘老化鉴定。（DL/T 572—2010《电力变压器运行规程》5.6.9）

（3）气体继电器和压力释放阀在交接和变压器大修时应进行校验。（《国家电网有限公司十八项电网重大反事故措施（2018年修订版）及编制说明》9.3.1.4）

（4）积极开展对变压器油色谱在线监测装置的现场标定工作，提高油色谱在线监测装置的检测精度。针对老旧变压器设备，加强带电检测工作，适当缩短检修周期。

（5）220kV及以上电压等级油浸式变压器和位置特别重要或存在绝缘缺陷的110（66）kV油浸式变压器，应配置多组分油中溶解气体在线监测装置。（《国家电网有限公司十八

项电网重大反事故措施（2018 年修订版）及编制说明》9.2.3.5）

## 四、变压器套管损坏故障

**案例 12　暴雨引发变压器高压侧套管外绝缘闪络**

### 1. 事故经过

××日，××公司 750kV××变电站 4、1 号变压器差动保护动作跳闸（4 号变压器先跳闸，819ms 后 1 号变压器跳闸），330kV 侧均开环运行，无负荷损失。故障发生时现场无工作，天气大风、雷电并伴随强降雨。检查发现 1、4 号变压器 B 相高压侧套管均压环下方和底座法兰均存在击穿放电点。事故现场照片如图 2-3-8 所示。复合套管外伞裙均有电弧通过痕迹，结合视频监控系统，判断 1 号和 4 号变压器 B 相高压侧套管在暴雨情况下发生外绝缘闪络。

(a)

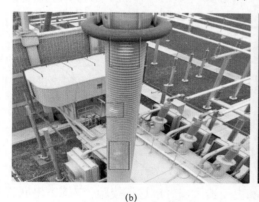

(b)

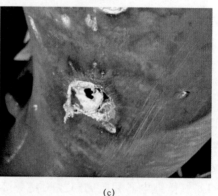

(c)

图 2-3-8　事故现场照片

（a）现场故障照片；（b）套管表面痕迹；（c）击穿放电点

### 2. 涉及条款

（1）套管的伞裙间距低于规定标准，可采取加硅橡胶伞裙套等措施，但应进行套管放电量测试。在严重污秽地区运行的变压器，可考虑在瓷套处涂防污闪涂料等措施。（《国家

电网有限公司十八项电网重大反事故措施（2018 年修订版）及编制说明》9.5.6）

（2）新、改（扩）建输变电设备的外绝缘配置应以最新版污区分布图为基础，综合考虑附近的环境、气象、污秽发展和运行经验等因素确定。变电站设计时，c 级以下污区外绝缘按 c 级配置；c、d 区可根据环境适当提高配置；e 级污区可按照实际情况配置。（《国家电网有限公司十八项电网重大反事故措施（2018 年修订版）及编制说明》7.1.1）

3. 应对措施

（1）在大雾、毛毛雨、覆冰（雪）等恶劣天气过程中，宜加强特殊巡视，可采用红外热成像、紫外成像等手段判定设备外绝缘运行状态。（《国家电网有限公司十八项电网重大反事故措施（2018 年修订版）及编制说明》7.2.7）

（2）清扫作为辅助性防污闪措施，可用于暂不满足防污闪配置要求的输变电设备及污染特殊严重区域的输变电设备。出现快速积污、长期干旱或外绝缘配置暂不满足运行要求，且可能发生污闪的情况时，可紧急采取带电水冲洗、带电清扫、直流线路降压运行等措施。（《国家电网有限公司十八项电网重大反事故措施（2018 年修订版）及编制说明》7.2.5）

## 五、变压器附属设备损坏事故

**案例 13** **变压器冷却器 PLC 输入模块故障，冷却器跳闸**

1. 事故经过

××日，××公司 330kV××变电站 3 号变压器冷却器全停保护动作跳闸，损失负荷 41 万 kW。经分析，故障原因为变压器 C 相冷却器 PLC 输入模块故障，冷却器断路器跳开导致保护跳闸。变压器冷却系统如图 2-3-9 所示。

图 2-3-9 变压器冷却系统

2. 涉及条款

（1）变压器冷却系统应配置两个相互独立的电源，并具备自动切换功能；（《国家电网有限公司十八项电网重大反事故措施（2018 年修订版）及编制说明》9.7.1.4）

（2）冷却系统电源应有三相电压监测，任一相故障失电时，应保证自动切换至备用电源供电。（《国家电网有限公司十八项电网重大反事故措施（2018 年修订版）及编制说明》

9.7.1.4）

（3）装置应具备当装置 PLC 故障或装置工作电源消失时启动所有冷却器的功能。（GB/T 37761—2019《电力变压器冷却系统 PLC 控制装置技术要求》4.6.3.3）

3. 应对措施

（1）运维人员在可研初设环节中，应确认变压器是否满足"优先选用自然油循环风冷或自冷方式"的要求。（《国家电网有限公司十八项电网重大反事故措施（2018 年修订版）及编制说明》9.7.1.1）

（2）对强迫油循环冷却系统的两个独立电源的自动切换装置，应定期进行切换试验，有关信号装置应齐全可靠。（《国家电网有限公司十八项电网重大反事故措施（2018 年修订版）及编制说明》9.7.3.1）

（3）运维巡视中检查风冷系统及两组冷却电源工作情况。密切监视变压器绕组和上层油温温度情况。如一组电源消失或故障，另一组备用电源自投不成功，则应检查备用电源是否正常，如正常，应立即手动将备用电源开关合上。若两组电源均消失或故障，则应立即设法恢复电源供电。现场检查变压器冷却装置控制箱各负荷开关、接触器、熔断器和热继电器等工作状态是否正常。如果发现冷却装置控制箱内电源存在问题，则立即检查站用电低压配电屏负荷开关、接触器、熔断器和站用变压器高压侧熔断器或断路器。故障排除后，将各冷却器选择断路器置于"停止"位置，再试送冷却器电源。若成功，再逐路恢复冷却器运行。若冷却器全停故障短时间内无法排除，应立即汇报值班调控人员，申请转移负荷或将变压器停运。变压器冷却器全停的运行时间不应超过规定。（《国家电网公司变电运维管理规定》第 1 分册）

（4）应定期断开 PLC 装置工作电源，检验电源消失时是否能启动所有冷却器。（GB/T 37761—2019《电力变压器冷却系统 PLC 控制装置技术要求》4.6.3.3）

## 案例 14　变压器断流阀异常关闭，油位随温度变化下降引发重瓦斯动作

1. 事故经过

××日，××公司 750kV××变电站 750kV××Ⅱ线高压电抗器（简称高抗）A 相 9:13 时轻瓦斯报警，9:32 时重瓦斯动作跳闸。检查发现该高抗 A 相（生产厂家为保定天威保变电气股份有限公司，2013 年 6 月投运）气体继电器内部无油，断流阀在关闭位置。高抗断流阀检查情况如图 2－3－10 所示。故障原因经分析为：气温骤降引起电抗器本体油位快速下降，同时断流阀因挡板弹簧疲劳性能下降而异常关闭，造成储油柜向本体补油通道关闭，最终引起气体继电器油位持续下降，重瓦斯动作跳闸。

2. 涉及条款

（1）应由具有消防资质的单位定期对灭火装置进行维护和检查，以防止误动和拒动。（《国家电网有限公司十八项电网重大反事故措施（2018 年修订版）及编制说明》9.8.6）

（2）油位变化应正常，应随温度的增加合理上升，并符合变压器的油温曲线。（《国家

电网公司变电运维管理规定》 第 1 分册 2.1.4.1）

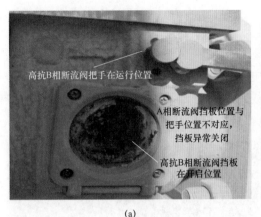
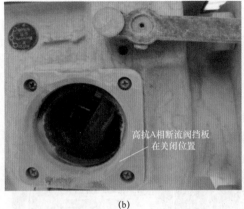

图 2-3-10 高抗断流阀检查情况

（a）高抗 B 相断流阀挡板在开启位置；（b）高抗 A 相断流阀挡板在关闭位置

（3）装置投入使用后，应处于正常工作状态。装置的电源开关、管道阀门（断流阀、检修阀、排油阀、氮气释放阀、排油连接阀、注氮连接阀），均应处于正常运行位置，并标示清楚；要保持常开或常闭状态的阀门，应采取标识措施。（设备变电〔2020〕13 号《国网设备部关于加强油浸式变压器排油注氮灭火装置全寿命周期管理的通知》）

3. 应对措施

（1）加强变压器（电抗器）的运维保障，利用望远镜、高清视频等手段检查断流阀运行正常、阀板处于正确位置，吸湿器工况正常，各管道阀门状态正确。

（2）各单位要补齐断流阀等备品备件，偏远地区变电站要按站配置。针对制订处置方案，开展事故预想，提升运维人员异常信号分析能力，提高应急处置效率。

（3）通过例行和特殊巡视，检查本体及有载调压断路器储油柜的油位应与制造厂提供的油温、油位曲线相对应。气温骤变时，检查储油柜油位是否有明显变化（《国家电网公司变电运维管理规定》第 1 分册 2.1）

# 第四节 无功补偿装置事故

## 一、并联电容器补偿装置事故

**案例 15 电容器内部故障爆炸引起跳闸**

1. 事故经过

××日，××公司 330kV××变电站 35kV 1 号电容器跳闸，未损失负荷。现场检查发现 35kV 1 号电容器组 A 相两只电容器爆炸（电容器和放电线圈炸裂见图 2-4-1），且有电容器连接线等残骸（电容器炸裂飞溅的引流线见图 2-4-2）。检查发现 3 号变压器各项试验正常。

2. 涉及条款

（1）构架式电容器装置每只电容器应编号，在上部三分之一处贴 45～50℃试温蜡片。（《国家电网公司变电运维管理规定》第 9 分册 1.1.1）

（2）电容器壳体无变色、膨胀变形；放电线圈二次接线紧固无发热、松动现象；干式放电线圈绝缘树脂无破损、放电；油浸放电线圈油位正常，无渗漏；检查本体各部件无位移、变形、松动或损坏现象（《国家电网公司变电运维管理规定》第 9 分册 2.1）

图 2-4-1　最上层两只电容器和放电线圈炸裂　　　图 2-4-2　电容器炸裂飞溅的引流线

3. 应对措施

（1）单台电容器耐爆容量不低于 15kJ。（《国家电网有限公司十八项电网重大反事故措施（2018 年修订版）及编制说明》10.2.1.2）

（2）对已运行的非全密封放电线圈应加强绝缘监督，发现受潮现象时应及时更换。（《国家电网有限公司十八项电网重大反事故措施（2018 年修订版）及编制说明》10.2.3.5）

（3）并联电容器组运维细则要求做好电容器组的运行维护和巡视，特别是例行巡视和红外测温工作。（《国家电网公司变电运维管理规定》第 9 分册）

## 二、并联电抗器损坏故障

**案例 16**　**金属氧化物限压器炸裂，导致周围设备损坏**

1. 事故经过

××日，××公司××变电站 500kV××Ⅱ线故障，5062、5063 断路器跳闸，未造成负荷损失，故障前天气阴。现场检查发现××Ⅱ线串补 A、B 相金属氧化物限压器（MOV）设备炸裂，邻近串补电容器、组内不平衡 TA、金属氧化物限压器、支柱绝缘子等瓷件破损，均压电容器损坏，脉冲避雷器击穿。判断故障原因为 A、B 相 MOV 击穿电阻片故障前已存在性能劣化，当线路发生接地故障时持续承受工频过电压后发生击穿炸裂，导致周围设备损坏。现场设备损坏情况如图 2-4-3 所示。

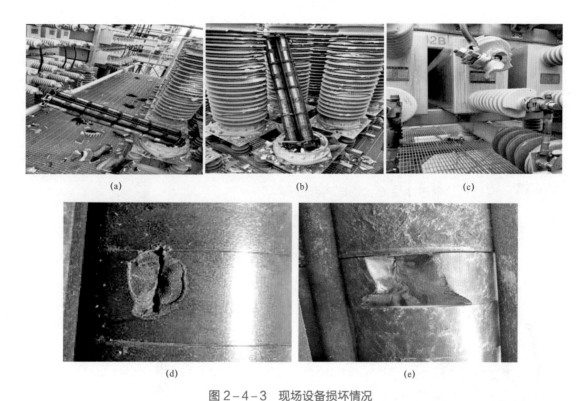

图2-4-3 现场设备损坏情况

（a）A相MOV损坏情况；（b）B相MOV损坏情况；（c）A相电容器套管损坏情况；

（d）A相4-11 MOV损伤电阻片；（e）B相5-26 MOV损伤电阻片

2．涉及条款

（1）MOV的能耗计算应考虑系统发生区内和区外故障（包括单相接地故障、两相短路故障、两相接地故障和三相接地故障）以及故障后线路摇摆电流流过MOV过程中积累的能量，还应计及线路保护的动作时间与重合闸时间对MOV能量积累的影响。（《国家电网有限公司十八项电网重大反事故措施（2018年修订版）及编制说明》10.1.1.8）

（2）MOV的电阻片应具备一致性，整组MOV应在相同的工艺和技术条件下生产加工而成，并经过严格的配片计算以降低不平衡电流，同一平台每单元之间的分流系数宜不大于1.03，同一单元每柱之间的分流系数宜不大于 1.05，同一平台每柱之间的分流系数应不大于1.1。（《国家电网有限公司十八项电网重大反事故措施（2018年修订版）及编制说明》10.1.1.10）

3．应对措施

（1）全面巡视中，运行人员应记录避雷器泄漏电流的指示值及放电计数器的指示数，并与历史数据进行比较。（《国家电网公司变电运维管理规定》第8分册）14.6.1.1）

（2）应按三年的基准周期进行 MOV 的 1mA/柱直流参考电流下直流参考电压试验及0.75倍直流参考电压下的泄漏电流试验。（《国家电网有限公司十八项电网重大反事故措施（2018年修订版）及编制说明》10.1.3.3）

（3）运维人员在巡视串补装置时，应避免近距离巡视，宜采取机器人巡视和望远镜远距离巡视相结合的方式，降低人员安全风险；串补运行过程如发生保护动作，应及时查看 MOV 动作电流，分析均流特性和能量吸收情况，发现异常分析处理。

# 第五节　互感器损坏事故

## 一、电压互感器损坏事故

**案例 17　电压互感器进水受潮，造成内部故障**

### 1. 事故经过

图 2-5-1　500kV ××Ⅰ线 CVT 外观图

××日 18:24，××公司 500kV××变电站 500kV××Ⅱ线保护装置报"线路 TV 告警"，检查发现××Ⅱ线 A 相 CVT 电压降低且有轻微异响，现场申请停运，同时调度下令××Ⅰ线由热备用转运行，××日 22:4，××Ⅰ线由热备用转运行，充电运行约 9min 后，××Ⅰ线 A 相测量电压突然降低。故障原因判断为××Ⅰ线 A 相 CVT、××Ⅱ线 A 相 CVT 进水造成绝缘能力降低，造成内部故障。CVT 外观图如图 2-5-1 所示。

### 2. 涉及条款

（1）内部伴有"噼啪"放电声响时，可判断为本体内部故障，应立即汇报值班调控人员申请停运处理。（《国家电网公司变电运维管理规定》第 7 分册 4.4.2）

（2）新投运的 110（66）kV 及以上电压等级互感器，1～2 年内应取油样进行油中溶解气体组分、微水分析，取样后检查油位应符合设备技术文件的要求。对于明确要求不取油样的产品，确需取样或补油时应由生产厂家配合进行。（《国家电网有限公司十八项电网重大反事故措施（2018 年修订版）及编制说明》11.1.3.2）

### 3. 应对措施

（1）电容式电压互感器电磁单元油箱排气孔应高出油箱上平面 10mm 以上，且密封可靠，避免因密封老化导致油箱内部进水。（《国家电网有限公司十八项电网重大反事故措施（2018 年修订版）及编制说明》11.1.1.11）

（2）加强运行电压互感器电压数值监测，如发现运行中的二次电压异常波动，应立即针对性开展二次回路检查，判断是否存在电压互感器二次短路。

（3）监控系统发出电压异常越限告警信息，相关电压指示降低、波动或升高；变电站现场相关电压表指示降低、波动或升高。相关继电保护及自动装置发"TV 断线"告警。说明二次电压存在异常，应进行相关处理。（《国家电网公司变电运维管理规定》第 7 分册）4.6.1）

26

## 二、电流互感器损坏事故

**案例 18** **电流互感器主绝缘受潮爆裂，末屏接地铜线烧毁**

1. 事故经过

××日，××公司 330kV××变电站 3315 母联断路器电流互感器爆裂，全变电站失压，事故现场互感器照片及其原理图如图 2-5-2 和图 2-5-3 所示。对电流互感器解体发现，一次导体 U 形臂（Ⅰ母侧）先在中部对电容屏击穿放电，使得末屏内接线柱的接地铜线烧毁气化，又对套管底部法兰内侧放电（Ⅱ母侧），引起爆裂，3315 母联电流互感器 B 相解体

(a)　　　　　　　　　　　　　　　(b)

图 2-5-2　事故现场互感器照片

（a）3515 断路器 C 相；（b）3515 断路器 B 相

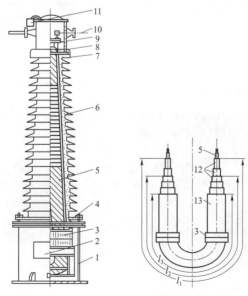

图 2-5-3　3315 母联电流互感器原理图

1—油箱；2—二次接线盒；3—环形铁芯及二次绕组；4—压圈式卡接装置；5—U 形一次绕组；6—瓷套管；
7—均压护罩；8—储油柜；9—一次绕组切换装置；10—一次出线端子；11—呼吸器；12—电容屏；13—末屏

图如图 2-5-4 所示。末屏接地电极对比图如图 2-5-5 所示，B 相底座法兰处放电点如图 2-5-6 所示。经分析，原因为电流互感器结构设计存在严重缺陷，水分易从接触面进入金属罩内部，长期积累造成储油柜顶部锈蚀，严重时造成渗漏，互感器内部受潮，绝缘下降，导致导体与电容屏击穿，内部锈蚀图如图 2-5-7 所示。

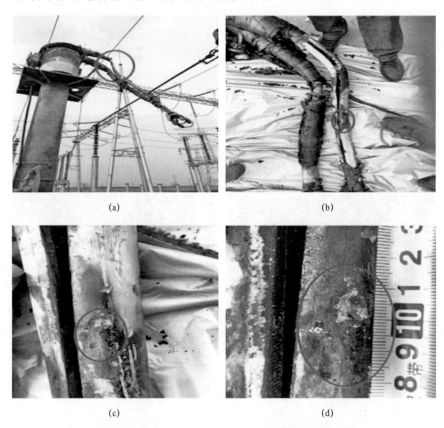

图 2-5-4　3315 母联电流互感器 B 相解体图
（a）末屏内接线柱；（b）铜线烧毁气化；（c）损烧点 1；（d）损烧点 2

图 2-5-5　3315 母联电流互感器末屏接地电极对比图
（a）故障相末屏接地电极；（b）非故障相末屏接地电极

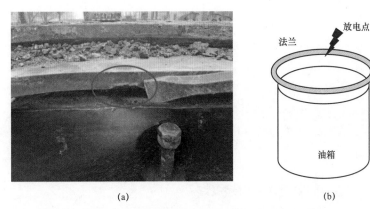

图 2-5-6 3315 母联电流互感器 B 相底座法兰处放电点

（a）实物照片；（b）示意图

图 2-5-7 内部锈蚀图

（a）内部锈蚀整体图；（b）内部锈蚀局部图

2. 涉及条例

（1）应及时处理或更换已确认存在严重缺陷的电流互感器。对怀疑存在缺陷的电流互感器，应缩短试验周期进行跟踪检查和分析查明原因。（《国家电网公司变电运维管理规定》第 6 分册 1.1.6）

（2）电流互感器在投运前及运行中应注意检查各部位接地是否牢固可靠，末屏应可靠接地，严防出现内部悬空的假接地现象。（《国家电网公司变电运维管理规定》第 6 分册 1.1.5）

（3）电流互感器末屏接地引出线应在二次接线盒内就地接地或引至在线监测装置箱内接地。末屏接地线不应采用编织软铜线，末屏接地线的截面积、强度均应符合相关标准。（《国家电网有限公司十八项电网重大反事故措施（2018 年修订版）及编制说明》11.1.1.12）

3. 应对措施

（1）运行中电流互感器金属部位应无锈蚀，底座、支架、基础无倾斜变形。（《国家电

29

网公司变电运维管理规定》第 6 分册 2.1.3）

（2）油浸电流互感器油位指示正常，各部位无渗漏油现象。（《国家电网公司变电运维管理规定》第 6 分册 2.1.8）

（3）加强电流互感器末屏接地引线检查、检修及运行维护。（《国家电网有限公司十八项电网重大反事故措施（2018 年修订版）及编制说明》11.1.3.7）

（4）按周期开展电流互感器红外检测工作。（《国家电网公司变电运维管理规定》第 6 分册 3.1）

## 案例 19 电流互感器内部电弧放电引起爆炸

### 1. 事故经过

××日，××公司 220kV××变电站母联 2610 间隔 B 相电流互感器发生故障，造成 220kV 母差保护动作。现场检查发现母联 2610 电流互感器 B 相头部发生爆炸，底座剩绝缘子器身。B 相电流互感器头部储油柜已炸裂，无法进行油样分析。A、C 相电流互感器外观完好，油色谱试验不合格。C 相乙炔值达 34.81μL/L，A 相乙炔值达 8.6μL/L，均超过注意值（0.1μL/L），C 相总烃达 249.36μL/L，超过注意值。C 相电流互感器局部放电试验未通过。C 相现场运行工况与 B 相类似，且局部放电已不合格，对 C 相进行拆解。C 相电流互感器拆解过程发现第二张电容屏半导体纸对第一层及第三层电容屏半导体纸存在贯穿性碳化通道，第二层半导体纸沿层存在碳化通道，产品器身三角区高压屏第一层如图 2-5-8 所示，第一层与第二层之间如图 2-5-9 所示，第二层电容以下与第三层电容屏之间如图 2-5-10 所示。结合解体情况，判断事故原因为该产品头部电容与套管电容连接的半导体纸搭接不均匀，多次操作过电压冲击使搭接面过热和主绝缘劣化，劣化的范围逐渐扩散，最终形成层间电容的放电通道，引起头部电弧故障。

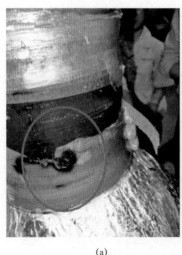 

（a）　　　　　　　　　　　　（b）

图 2-5-8　产品器身三角区高压屏（第一层）

（a）损伤痕迹 1；（b）损伤痕迹 2

(a)            (b)

图 2-5-9 产品器身三角区高压屏（第一层与第二层之间）

（a）损伤痕迹 1；（b）损伤痕迹 2

(a)            (b)

图 2-5-10 产品器身三角区高压屏（第二层电容以下与第三层电容屏之间）

（a）损伤痕迹 1；（b）损伤痕迹 2

2. 涉及条例

（1）全密封型互感器，油中溶解气体色谱分析仅 $H_2$ 单项超过注意值时，应跟踪分析，综合诊断；有乙炔时，按状态检修规程规定执行。（《电流互感器全过程技术监督精益化管理实施细则》运维检修 设备缺陷）

（2）运行中电流互感器油色谱试验标准应满足：氢气≤150μL/L（110（66）kV 及以上），乙炔≤2μL/L（110（66）kV）［乙炔≤1μL/L（220kV 及以上）］，总烃≤100μL/L（110（66）kV 及以上）。（《国家电网公司变电评价管理规定》第 6 分册）

3. 应对措施

（1）新投运的 110（66）kV 及以上电压等级油浸式电流互感器投运满 1～2 年，应进行油中溶解气体分析试验。新投运的 220kV 及以上电压等级油浸式电流互感器，1～2 年内应取油样进行油色谱、微水分析。厂家明确要求不取油样的产品，确需取样或补油时应由制造厂配合进行。(《电流互感器全过程技术监督精益化管理实施细则》运维检修 化学)

（2）110（66）kV 及以上电压等级的油浸式电流互感器投运前进行交流耐压试验前后，应进行油中溶解气体分析（厂家有明确要求不允许取油的除外），两次测的值不应有明显的差别，且满足 220kV 及以下：氢气＜100μL/L、乙炔＜0.1μL/L、总烃＜10μL/L；330～500kV：氢气＜50μL/L、乙炔＜0.1μL/L、总烃＜10μL/L。(《电流互感器全过程技术监督精益化管理实施细则》设备调试 化学)

（3）倒立式电流互感器对工艺要求较高，且一旦发生故障易引起爆炸，造成影响较大，建议缩短倒立式电流互感器更换周期。

（4）生产厂家应明确倒立式电流互感器的允许最大取油量。(《国家电网有限公司十八项电网重大反事故措施（2018 版）》11.1.1.4)

# 第六节 GIS 和开关设备事故

## 一、敞开式断路器事故

**案例 20** 断路器合闸回路合闸命令长期自保持导致线圈发热烧毁

1. 事故经过

××日，××公司 500kV×× I 线完成新增××变电站孤岛安全稳定控制系统（简称

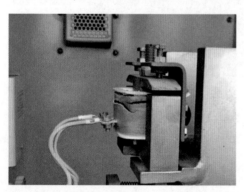

图 2-6-1 5041 断路器 C 相合闸线圈烧毁

安稳系统）二次回路接入工作，进行××变电站 5041 断路器（生产厂家为西电开关电气有限公司，2002 年 4 月投产）传动试验时，5041 断路器 C 相合闸线圈烧毁，烧毁情况如图 2-6-1 所示；断路器保护（生产厂家为许继电气股份有限公司）插件出现异常。分析原因为 5041 断路器保护操作箱监视回路插件损坏，合闸回路中合闸命令长期自保持，线圈持续通流导致发热烧毁，更换插件和合闸线圈后恢复正常。22 日 01:36，500kV×× I 线恢复送电。

2. 涉及条款

（1）运行维护单位应储备必要的备用插件，备用插件宜与微机继电保护装置同时采购。(《微机继电保护装置运行管理规程》6.15.1)

（2）微机继电保护装置应设有在线自动检测。在微机继电保护装置中微机部分任一元件损坏（包括 CPU）时都应发出装置异常信息，并在必要时自动闭锁相应的保护。(《微机

继电保护装置运行管理规程》8.4）

3. 应对措施

（1）断路器拒动时，运维人员应检查断路器保护出口压板是否按规定投入、控制电源是否正常、控制回路接线有无松动、直流回路绝缘是否良好、气动、液压操动机构压力是否正常、弹簧操动机构储能是否正常、$SF_6$ 气体压力是否在合格范围内、汇控柜或机构箱内远方/就地把手是否在"远方"位置，分闸线圈是否有烧损痕迹。（《国家电网公司变电运维管理规定》第 2 分册 4.2.2）

（2）220kV 及以上电压等级断路器必须具备双跳闸线圈机构。采用双重化配置，两套保护装置的跳闸回路应与断路器的两个跳闸线圈分别对应，当一套保护退出时不应影响另一套保护的运行。（《国家电网有限公司十八项电网重大反事故措施（2018 年修订版）及编制说明》15.1.4）

（3）断路器出厂试验、交接试验及例行试验中，应开展控制回路绝缘电阻、回路电阻和回路完整性测试，并开展相间对比分析。（《国家电网公司变电验收管理规定》第 2 分册 A3 断路器设备出厂验收标准卡、A6 断路器设备交接试验验收标准卡）

## 案例 21 液压机构液压油泄漏导致机构失压、断路器分闸

1. 事故经过

××日，××公司 500kV××变电站 500kV××一线 5013 断路器合闸约 3min 后，5013 断路器 B 相跳闸，重合闸动作并重合成功，后 B 相再次跳闸，机构三相不一致动作，断路器三相跳闸。故障时现场无检修，天气为小雪。现场检查发现 5013 断路器 B 相机构内有少量液压油，B 相断路器合闸线圈底部有油珠。机构解体检查发现 B 相断路器合闸线圈与分合闸转化阀连接面处胶垫变形，失去密封功能，造成该位置高压油突然失压，失压后瞬时变成低压油导致分闸。胶垫失效原因主要为气温突降导致的热胀冷缩效应。

2. 涉及条款

（1）液压（气动）操动机构的油、气系统应无渗漏，油位、压力符合厂家规定。（《国家电网公司变电运维管理规定》第 2 分册 1.3.1）

（2）机构箱、汇控柜应设置可自动投切的加热驱潮装置，低温地区还应有保温措施。（《国家电网公司变电运维管理规定》第 2 分册 1.4.2）

（3）断路器液压机构应具有防止失压后慢分慢合的机械装置。液压机构验收、检修时应对机构防慢分慢合装置的可靠性进行试验。（《国家电网有限公司十八项电网重大反事故措施（2018 年修订版）及编制说明》12.1.1.10）

（4）当断路器液压机构突然失压时应申请停电隔离处理。在设备停电前，禁止人为启动油泵，防止断路器慢分。（《国家电网有限公司十八项电网重大反事故措施（2018 年修订版）及编制说明》12.1.3.1）

3. 应对措施

（1）结合停电安排，对同批次断路器老化线圈胶垫进行更换，更换前确保胶垫材质合

格。(《国家电网公司变电检修管理规定》第 2 分册 3.5.6,《国网四川省电力公司 500kV 普提变电站 500kV 普洪一线 5013 断路器故障处理分析报告》)

(2)冬季气温降低时,确保机构箱内加热装置正确投退,防止低温引起密封胶圈性能降低。(《国家电网公司变电运维管理规定》第 2 分册 1.4.1)

(3)液压(气动)机构每天打压次数应不超过厂家规定。如打压频繁,应联系检修人员处理。(《国家电网公司变电运维管理规定》第 2 分册 1.3.6)

(4)例行巡视时,应检查液压、气动操动机构压力表指示正常;液压操动机构油位、油色正常。(《国家电网公司变电运维管理规定》第 2 分册 2.1.1.2)

(5)全面巡视时,应检查液压操动机构油位正常,无渗漏,油泵及各储压元件无锈蚀。(《国家电网公司变电运维管理规定》第 2 分册 2.1.2.3)

**案例 22** **断路器绝缘拉杆内部缺陷导致产生局部放电、拉杆炸裂**

1. 事故经过

××日,500kV××Ⅱ线送电时,合上××变电站 5041 断路器 221ms 后(5042 断路器在分位),××变电站 500kV Ⅰ 母线跳闸,××Ⅱ线跳闸。现场检查发现 5041 断路器 B 相故障,断路器外观如图 2-6-2 所示。返厂解体发现 5041 断路器 B 相绝缘拉杆的中间绝缘材料部分炸裂,两端金属部分留有少量纤维丝状物,绝缘台内壁存在电弧灼烧痕迹,如图 2-6-3 所示。灭弧室内部有少量绝缘拉杆炸裂产生的丝状物。返场解体分析认为,5041 断路器故障原因为绝缘拉杆局部层间存在气孔等缺陷,长期带电运行情况下,缺陷产生局部放电,并逐步扩大形成层间的泄漏电流通道,最终造成绝缘拉杆炸裂。

图 2-6-2 ××变电站 5041 断路器 B 相

2. 涉及条款

(1)断路器本体内部的绝缘件必须经过局部放电试验方可装配,要求在试验电压下单个绝缘件局部放电量不大于 3pC。(《国家电网有限公司十八项电网重大反事故措施(2018 年修订版)及编制说明》12.1.1))

(2)断路器交接试验及例行试验中,应进行行程曲线测试,并同时测量分/合闸线圈电流波形。(《国家电网有限公司十八项电网重大反事故措施(2018年修订版)及编制说明》12.1.2.6)。

图2-6-3　爆裂后的绝缘拉杆

3. 应对措施

(1)督促绝缘拉杆生产厂家提供故障绝缘拉杆同批次清单,断路器设备生产厂家排查问题同批次绝缘拉杆分布情况,制订针对性运维措施。(《GIS设备可靠性提升专项行动-GIS生产制造环节组部件质量管控措施报告》)

(2)在后续新绝缘拉杆入厂检验时,在严格执行现有检验措施的基础上,建议增加泄漏电流和TA探伤试验项目,并适当延长交流耐压试验时间,提高问题拉杆筛选成功率。(《GIS设备可靠性提升专项行动-GIS生产制造环节组部件质量管控措施报告》)

## 二、GIS断路器事故

### 案例23　密封面进水结冰导致绝缘件开裂、漏气引起放电

1. 事故经过

××日,××公司500kV××变电站××隔离开关C相气室发生放电引起×号主变停运。现场检查发现××隔离开关C相气室SF$_6$压力表计示数0.34MPa(额定0.4MPa,报警压力0.35MPa),并在1h内压力降至0.08MPa,解体检查发现××隔离开关C相气室环形绝缘子出现裂纹,裂纹处的螺栓表面发白受潮,故障设备检查如图2-6-4所示。分析故障原因为××隔离开关气室绝缘件水平布置、紧固螺栓竖直布置,密封面紧固螺栓处防水密

(a)　　　　　　　　　　　　(b)

图2-6-4　故障设备检查

(a)环形绝缘子裂纹;(b)漏气处螺栓

封工艺不良引起漏水（防水胶涂覆对比见图 2−6−5），在低温条件下结冰，引起法兰处环形绝缘件炸裂、$SF_6$ 气体泄漏，××隔离开关 C 相气室绝缘能力降低导致内部放电。

（a）　　　　　　　　　　　　　　（b）

图 2−6−5　防水胶涂覆对比

（a）局部涂覆不良；（b）涂覆较好

2. 涉及条款

（1）户外 GIS 法兰对接面宜采用双密封，并在法兰接缝、安装螺孔、跨接片接触面周边、法兰对接面注胶孔、盆式绝缘子浇注孔等部位涂防水胶。（《国家电网有限公司十八项电网重大反事故措施（2018 年修订版）及编制说明》12.2.1.6）

（2）盆式绝缘子应尽量避免水平布置。（《国家电网有限公司十八项电网重大反事故措施（2018 年修订版）及编制说明》12.2.1.9）

3. 应对措施

（1）针对同类型运行设备，要做好盆式绝缘子（特别是水平布置）密封法兰螺栓的紧固检查和防水密封措施。（《国家电网公司变电检修管理规定》第 3 分册 3.1.2.2）

（2）新投户外 GIS 法兰对接面宜采用双密封结构。（《国家电网有限公司十八项电网重大反事故措施（2018 年修订版）及编制说明》12.2.1.6）

（3）制造厂要严格工艺管控，确保新设备密封法兰螺栓紧固到位，防水密封措施有效。出厂报告及产品说明书需提供防水胶有效时间、防水胶涂抹检查情况。新投及检修后要完善防水胶涂抹工艺，确保防水密封措施有效。（《国家电网公司变电检修管理规定》第 3 分册 3.1.2.2）

## 案例 24　GIS 内部存在异物引起击穿放电

1. 事故经过

××日，××公司 500kV ××变电站 500kV ××Ⅲ线故障跳闸，重合闸动作，重合不成功。故障录波测距 0.027km，故障 A 相，故障电流 20.822kA，无损失负荷。故障时天气大雾，现场无工作。现场检查发现 50×××隔离开关 A 相气室 $SF_6$ 气体成分异常（$SO_2$ 为 91.7μL/L），50××断路器气室 A 相 $SF_6$ 压力为 0.43MPa（报警值 0.45MPa），压力表计值如图 2−6−6 所示，与其相邻的 50×××隔离开关气室 A 相 $SF_6$ 压力为 0.43MPa（额定值 0.44MPa，报警值 0.4MPa）。50×××隔离开关气室 A 相解体检查发现动触头侧屏蔽罩对外壳击穿放电。故障原因为生产厂家早期批次的 GIS 产品出厂前未进行 200 次机械分合操作并清理罐体，制造环节遗留异物或运行中分合产生的金属碎屑在振动和气流场作用下，漂移运动到 50×××隔离开关 A 相动触头侧屏蔽罩与外壳间，产生击穿放电。故障间隔气室外观图如图 2-6-7 所示。

图 2-6-6 现场检查 50×××隔离开关 A 相 SF$_6$ 表计值

图 2-6-7 故障间隔气室外观图

50×××隔离开关 A 相气室内部发生接地故障后，造成 50×××隔离开关 A 相气室与 50××断路器 A 相气室间盆式绝缘子损伤，绝缘子在持续承受气压差后，最终导致绝缘子破损，密封失效漏气，漏气点如图 2-6-8 所示。因隔离盆式绝缘子破裂，故两个气室联通，漏气后气压均降低到 0.43MPa。因 50××断路器气室报警值为 0.45MPa，50×××隔离开关气室报警值为 0.4MPa，故仅有 50××断路器气室密度继电器发出气压低报警信号（气压报警后台界面见图 2-6-9），50×××隔离开关气室密度继电器未发告警信号。

图 2-6-8　50××断路器与 50×××隔离开关间盆式绝缘子漏气点

图 2-6-9　监控发出 50××断路器气压低报警后台界面

2. 涉及条款

（1）GIS 用断路器、隔离开关和接地开关以及罐式 SF$_6$ 断路器，出厂试验时应进行不少于 200 次的机械操作试验（其中断路器每 100 次操作试验的最后 20 次应为重合闸操作试验），以保证触头充分磨合。200 次操作完成后应彻底清洁壳体内部，再进行其他出厂试验。（《国家电网有限公司十八项电网重大反事故措施（2018 年修订版）及编制说明》12.2.1.11）

（2）新投运 GIS 采用带金属法兰的盆式绝缘子时，应预留窗口用于特高频局部放电检测。（《国家电网有限公司十八项电网重大反事故措施（2018 年修订版）及编制说明》12.2.1.5）

（3）GIS、罐式断路器现场安装时应采取防尘棚等有效措施，确保安装环境的洁净度。800kV 及以上 GIS 现场安装时采用专用移动厂房，GIS 间隔扩建可根据现场实际情况采取同等有效的防尘措施。（《国家电网有限公司十八项电网重大反事故措施（2018 年修订版）及编制说明》12.2.2.3）

3．应对措施

（1）加强厂内验收工作，出厂试验时保证触头充分磨合。200 次操作完成后应彻底清洁壳体内部，再进行其他出厂试验。在运的 GIS 用断路器、隔离开关和接地开关，应结合检修彻底清洁壳体内部，确保无残留异物。（《国家电网有限公司十八项电网重大反事故措施（2018 年修订版）及编制说明》12.2.1.11）

（2）新采购的 GIS 内绝缘件应逐只进行 X 射线探伤试验、工频耐压试验和局部放电试验，局部放电量不大于 3pC。（《国家电网有限公司十八项电网重大反事故措施（2018 年修订版）及编制说明》12.2.1.12）

（3）盆式绝缘子应尽量避免水平布置。（《国家电网有限公司十八项电网重大反事故措施（2018 年修订版）及编制说明》12.2.1.9）

（4）在运的 GIS，应按照检测周期定期开展超声、特高频局部放电、$SF_6$ 气体组分等带电检测，并做好检测结果分析研判。（《国家电网公司变电检测管理规定》表 A.3.1 组合电器的检测项目、分类、周期和标准）

## 案例 25 合闸电阻断路器绝缘拉杆松脱导致分闸不到位、击穿放电

1．事故经过

××日，××变电站 1000kV T×××断路器转热备用操作 T×××2 隔离开关合闸时（T×××1 隔离开关已合上约 3min，为带电侧），×× I 线及 1 号主变设备跳闸。现场检查发现 T×××断路器 C 相合闸电阻气室 $SF_6$ 气体成分异常（$SO_2$ 为 58.9μL/L），且该气室压力从 0.58MPa 突变为 0.68MPa，判断 T×××断路器 C 相合闸电阻气室内部发生放电故障，故障断路器如图 2-6-10 所示。现场解体检查发现合闸电阻断路器动触头未分闸到位、表面存在直径约 70mm 的烧蚀孔洞，电阻断路器静触头及屏蔽罩、电阻断路器下方盆式绝缘子及屏蔽罩表面存在放电烧蚀痕迹，解体示意图如图 2-6-11 所示。电阻断路器绝缘拉杆与动触头间的金属连接头断裂，对接处未见力矩标识。本次故障原因为电阻断路器动触头与绝缘拉杆之间的金属连接头断裂，电阻断路器分闸不到位，绝缘距离不足，触头两端带电时发生气隙击穿。动触头放电烧蚀产物掉落至下方盆式绝缘子表面，导致绝缘子沿面闪络、绝缘子屏蔽罩对设备壳体放电。连接头断裂原因为生产厂家厂内装配工艺不良，绝缘拉杆与动触头连接处未按标准工艺紧固力矩，连接受力面未紧密切合，导致连接头运行中发生断裂。

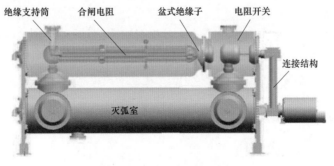

图 2-6-10 故障断路器

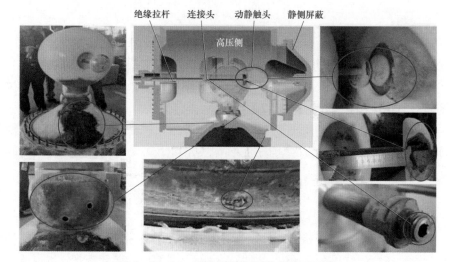

图 2-6-11　电阻断路器解体检查示意图

2. 涉及条款

（1）断路器产品出厂试验、交接试验及例行试验中，应对断路器主触头与合闸电阻触头的时间配合关系进行测试，并测量合闸电阻的阻值。（《国家电网有限公司十八项电网重大反事故措施（2018 年修订版）及编制说明》12.1.2.2）

（2）灭弧室动触头系统与绝缘拉杆连接轴销安装牢固，无松动。（《国家电网公司变电运维管理规定》第 3 分册 3.2.2.2）

（3）盆式绝缘子应尽量避免水平布置。（《国家电网有限公司十八项电网重大反事故措施（2018 年修订版）及编制说明》12.2.1.9）

3. 应对措施

（1）针对绝缘拉杆，GIS 制造厂应逐批按比例抽检绝缘拉杆拉力、扭力等破坏性机械强度并出具检测报告。（《GIS 设备可靠性提升专项行动-GIS 生产制造环节组部件质量管控措施报告》）

（2）针对绝缘拉杆，GIS 制造厂应逐件开展 X 射线探伤、工频耐压、局部放电试验并出具检测报告。（《GIS 设备可靠性提升专项行动-GIS 生产制造环节组部件质量管控措施报告》）

（3）GIS 组装完成后，随整间隔开展机械磨合、操作试验。200 次厂内机械操作试验完成后，全面进行绝缘拉杆清理、检查，留存检查清理记录。（《国家电网有限公司十八项电网重大反事故措施（2018 年修订版）及编制说明》12.2.1.11）

（4）探索利用 X 射线等不停电检测技术检测电阻断路器金属连接头等位置的连接情况。

**案例 26　断路器防爆膜误动导致 SF₆ 气体快速泄漏、绝缘击穿放电**

1. 事故经过

××日，500kV××变电站报"50××断路器 SF₆ 气体压力低告警"，20s 后 50××断路器罐体内部产生接地故障，500kV 1 号甲母线、500kV××一线保护跳闸。现场检查发现 50××断路器 C 相 $SF_6$ 表压力为 0，C 相防爆膜破裂（见图 2-6-12），呈完全爆开状态（见图 2-6-13），50××断路器 C 相 $SF_6$ 气体压力已下降为 0。解体检查发现线路侧灭弧室均压筒与罐体筒壁之间、线路侧套管中心导体与套管均压筒之间有放电痕迹（见图 2-6-14 和图 2-6-15），罐体内有大量放电产生的白色粉尘。本次故障原因为 50××断路器防爆膜设计制造环节存在缺陷，防爆膜设计动作压力值偏低且生产制造环节存在较大分散性，导致防爆膜在非故障状态下误动破裂、$SF_6$ 气体瞬间泄漏，断路器内部绝缘强度急剧降低后产生放电。

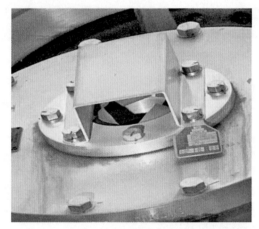

图 2-6-12 现场检查发现罐体防爆膜破裂

图 2-6-13 解体发现爆破片呈完全爆开状态

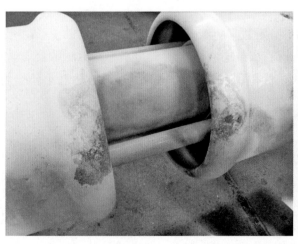

(a)                                                    (b)

图 2-6-14 灭弧室均压筒与罐体筒壁的放电痕迹

（a）外部放电痕迹；（b）内部放电痕迹

2. 涉及条款

（1）装配前应检查并确认防爆膜是否受外力损伤，装配时应保证防爆膜泄压方向正确、定位准确，防爆膜泄压挡板的结构和方向应避免在运行中积水、结冰、误碰。防爆膜喷口不应朝向巡视通道。（《国家电网有限公司十八项电网重大反事故措施（2018年修订版）及编制说明》12.2.1.16）

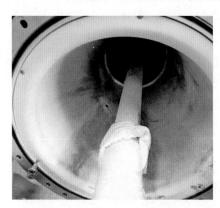

图2-6-15  套管中心导体与
套管均压筒的放电痕迹

（2）压力释放装置外观良好、无异常。技术特性（设计爆破压力、爆破压力允差、泄漏口径等）满足技术要求，铭牌标识正确。装置及夹持片同轴度满足要求。压力释放装置安装方向正确，释放通道无障碍物，泄压方向不得朝向巡视通道。（《国家电网公司变电运维管理规定》第3分册3.1.6.2）

3. 应对措施

（1）断路器压力释放装置的技术特性（设计爆破压力、爆破压力允差、泄漏口径等）应满足技术要求并留有一定裕量。（《500kV安定变电站5051断路器C相故障分析报告》）

（2）装配前应检查并确认防爆膜外观良好、无异常，未受外力损伤，装配时应保证防爆膜泄压方向正确、定位准确，防爆膜及夹持片同轴度满足要求，防爆膜泄压挡板的结构和方向应避免在运行中积水、结冰、误碰。防爆膜喷口不应朝向巡视通道。（《国家电网有限公司十八项电网重大反事故措施（2018年修订版）及编制说明》12.2.1.16）

（3）禁止在$SF_6$设备压力释放装置（防爆膜）附近停留。（《国家电网公司变电运维管理规定》第3分册1.1.4）

（4）例行巡视中，要检查压力释放装置（防爆膜）外观完好，无锈蚀变形，防护罩无异常，其释放出口无积水（冰）和障碍物等内容。（《国家电网公司变电运维管理规定》第3分册2.1.1.19）

## 案例27  支撑绝缘子内部缺陷导致绝缘子绝缘性能降低，击穿炸裂

1. 事故经过

××日，750kV××变电站750kV××Ⅰ线发生永久性接地故障，导致7××0、7××2断路器跳闸，故障相别为A相，故障位置如图2-6-16所示。现场检查发现7××××7接地开关A相气室$SF_6$分解物超标（$SO_2$为111.3uL/L）。解体检查发现该气室内导体支柱绝缘子炸裂，故障绝缘子内部断面有电弧放电痕迹，绝缘子上下嵌件分离，导体及支柱绝缘子安装孔局部灼伤，故障支柱绝缘子内部电击穿炸裂（见图2-6-17）。本次故障原因为导体支柱绝缘子可能在搬运、安装、运输过程中受外力作用产生内部缺陷，也不排除是制造缺陷。经过近10年的长期运行，该缺陷因局部放电而逐步发展，在运行电压持续作用下，最终在绝缘子内部产生放电通道。绝缘子上下金属嵌件之间发生内部金属短接，上

嵌件经绝缘子内部电弧通道对下嵌件放电（见图 2-6-18），再经绝缘子固定安装盖板、筒体接地，导致导体支柱绝缘子击穿炸裂。导体及支柱绝缘子安装孔局部灼伤如图 2-6-19 所示，7××××7 接地开关处筒体内壁及导体灼伤如图 2-6-20 所示，炸裂绝缘子及碎片外表面如图 2-6-21 所示。接地开关传动箱内部动触杆和静触头清洁无损伤，如图 2-6-22 所示。

图 2-6-16 故障位置及相邻设备

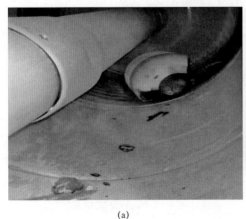

(a)

(b)

图 2-6-17 故障支柱绝缘子内部电击穿炸裂

（a）支柱绝缘子内部图 1；（b）支柱绝缘子内部图 2

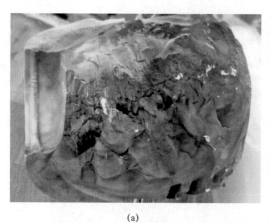

(a)

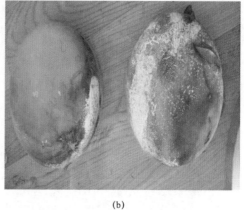

(b)

图 2-6-18　故障绝缘子内部断面及上下嵌件

（a）故障绝缘子内部断面；（b）上下嵌件

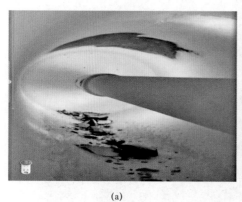

(a)

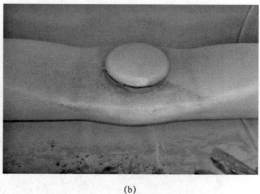

(b)

图 2-6-19　导体及支柱绝缘子安装孔局部灼伤

（a）局部灼伤 1；（b）局部灼伤 2

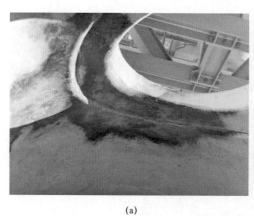

(a)

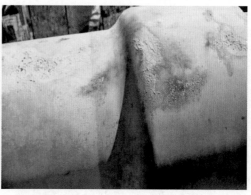

(b)

图 2-6-20　7××××7 接地开关处筒体内壁及导体灼伤

（a）筒内壁灼伤；（b）导体灼伤

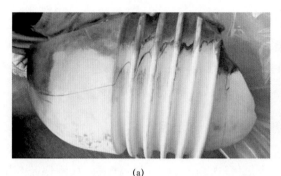

(a)                           (b)

图 2-6-21 炸裂绝缘子及碎片外表面

（a）炸裂的绝缘子；（b）绝缘子碎片

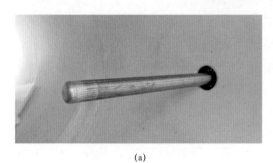

(a)                           (b)

图 2-6-22 接地开关传动箱内部动触杆和静触头

（a）接地开关内部动触杆；（b）接地开关内部静触头

2. 涉及条款

（1）GIS 内绝缘件应逐只进行 X 射线探伤试验、工频耐压试验和局部放电试验，局部放电量不大于 3pC。（《国家电网有限公司十八项电网重大反事故措施（2018 年修订版）及编制说明》12.2.1.12）

（2）GIS 出厂运输时，应在断路器、隔离开关、电压互感器、避雷器和 363kV 及以上套管运输单元上加装三维冲击记录仪，其他运输单元加装震动指示器。运输中如出现冲击加速度大于 $3g$ 或不满足产品技术文件要求的情况，产品运至现场后应打开相应隔室检查各部件是否完好，必要时可增加试验项目或返厂处理。（《国家电网有限公司十八项电网重大反事故措施（2018 年修订版）及编制说明》12.2.2.1）

3. 应对措施

（1）当绝缘件装配在完整的间隔上后，应对整间隔开展出厂绝缘试验（工频耐压和局部放电），252kV 及以上设备还应进行正负极性各 3 次雷电冲击耐压试验。（《国家电网有限公司十八项电网重大反事故措施（2018 年修订版）及编制说明》12.2.1.14）

（2）做好 GIS 设备运输过程中的质量管控。GIS 出厂运输时，应在断路器、隔离开关、电压互感器、避雷器和 363kV 及以上套管运输单元上加装三维冲击记录仪，其他运输单元加装震动指示器。运输中如出现冲击加速度大于 $3g$ 或不满足产品技术文件要求的情况，产品运至现场后应打开相应隔室检查各部件是否完好，必要时可增加试验项目或返厂处理。

（《国家电网有限公司十八项电网重大反事故措施（2018 年修订版）及编制说明》12.2.2.1）

（3）针对运行的 GIS 设备，应综合采用超声、特高频局部放电、$SF_6$ 气体组分检测等多种手段，按照周期开展带电检测，及早发现 GIS 设备内部绝缘件的缺陷。（《国家电网公司变电检测管理规定》表 A.3.1 组合电器的检测项目、分类、周期和标准）。

**案例 28** **隔离开关相间连杆轴向位移导致传动失效、非全相分闸**

1. 事故经过

××日，××公司 1000kV××变电站为配合 500kV 送出工程接入，按网调命令执行 5031 断路器转检修时，在操作最后一步合 503117 接地开关时，发生 I 母线跳闸，故障电流为 21.72kA。变电站一次接线图如图 2-6-23 所示，现场故障点位置如图 2-6-24 所示，J0311 隔离开关位置如图 2-6-25 所示。现场检查发现：5031 断路器、50311 和 50312 隔离开关（三相联动）、503127 接地开关（三相联动）机械指示及电气指示均到位。对 50311 隔离开关进行 X 射线检测发现 A、B 相隔离开关动触头未达到分闸位置，C 相正常，如图 2-6-26～图 2-6-28 所示，该隔离开关为三相联动操动机构，C 相为主驱动，A、B 相为同轴从动，内部结构如图 2-6-29 所示。解体检查发现 50311 隔离开关操作过程中尼龙齿套与鼓形齿轮间发生轴向位移，造成齿轮齿套啮合脱离，传动主操作箱（C 相机构外）到 A、B 相传动轴的齿轮从尼龙齿套中松脱，导致机构相（C 相）分闸到位，非机构相（A、B 相）均未分闸到位，即隔离开关非全相分闸；此时合断路器侧的接地开关致使带电母线迫停。

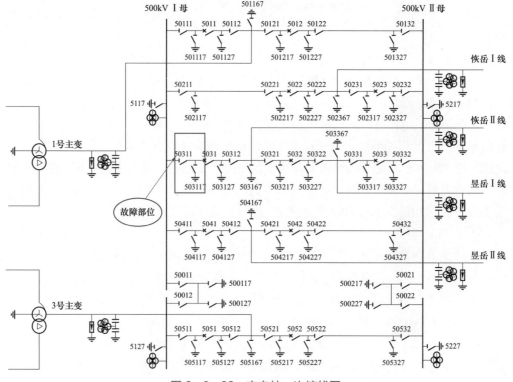

图 2-6-23 变电站一次接线图

图2-6-24　现场故障点位置

图2-6-25　50311隔离开关位置

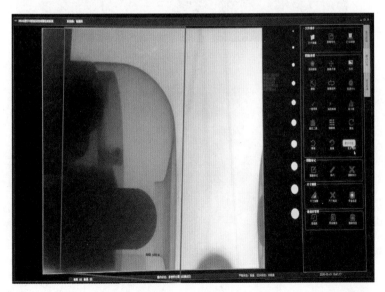

图2-6-26　X光实测50311隔离开关B相动触头未达到分闸位置

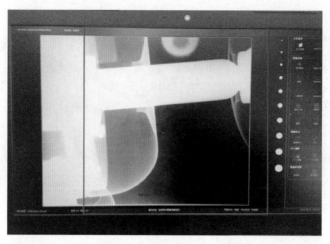

图 2-6-27　X 光实测 50311 隔离开关 A 相动触头未达到分闸位置

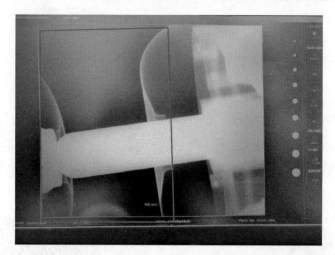

图 2-6-28　X 光实测 50311 隔离开关 C 相动触头分闸正常

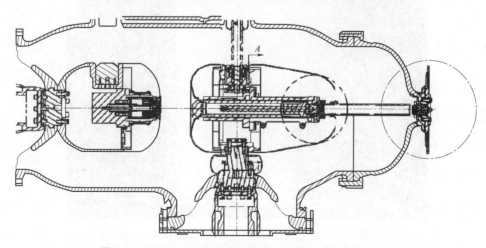

图 2-6-29　50311 隔离开关内部结构图（分闸位置）

2. 涉及条款

（1）对相间连杆采用转动、链条传动方式设计的三相机械联动隔离开关，应在从动相同时安装分/合闸指示器。（《国家电网有限公司十八项电网重大反事故措施（2018 年修订版）及编制说明》12.2.1.10）

（2）生产厂家应对金属材料和部件材质进行质量检测，对罐体、传动杆、拐臂、轴承（销）等关键金属部件应按工程抽样开展金属材质成分检测，按批次开展金相试验抽检，并提供相应报告。（《国家电网有限公司十八项电网重大反事故措施（2018 年修订版）及编制说明》12.2.1.13）

（3）隔离开关与其所配装的接地开关之间应有可靠的机械联锁，机械联锁应有足够的强度。发生电动或手动误操作时，设备应可靠联锁。（《国家电网有限公司十八项电网重大反事故措施（2018 年修订版）及编制说明》12.3.1.11）

3. 应对措施

（1）对相间连杆采用转动、链条传动方式设计的三相机械联动隔离开关开展改造，在从动相同时安装分/合闸指示器。（《国家电网有限公司十八项电网重大反事故措施（2018 年修订版）及编制说明》12.2.1.10）

（2）后续结合停电检修，对同型隔离开关、接地开关非机构相进行排查。检查矩形管夹、限位螺母是否紧固，限位螺母上侧顶丝是否固定在转轴平面上。插好机构闭锁销，确保机构不会发生分合，随后轴向方向拉动连接轴，查看尼龙齿套与鼓形齿轮是否同时运动。

（3）在隔离开关倒闸操作过程中，应严格监视动作情况，发现卡滞应停止操作并进行处理，严禁强行操作。（《国家电网有限公司十八项电网重大反事故措施（2018 年修订版）及编制说明》12.3.3.3）

# 第七节 继电保护事故

## 案例 29 保护总线绝缘异常，受外部干扰误动作

1. 事故经过

××日，××变电站 500kV Ⅰ 母（敞开式母线，2007 年投运）跳闸。现场检查一次设备无异常，500kV A 套母差保护装置（BP－2B，生产厂家为长园深瑞继保自动化有限公司，2007 年 9 月投运）动作，B 套母差保护装置（RCS－915，生产厂家为南京南瑞继保电气有限公司，2007 年 9 月投运）无动作信息。经分析，故障原因为 A 套母差保护装置总线板对装置机壳绝缘异常，在受外部干扰时，装置采样异常导致保护误动作。

2. 涉及条例

（1）微机型继电保护装置之间、保护装置至开关场就地端子箱之间以及保护屏至监控设备之间所有二次回路的电缆均应使用屏蔽电缆，电缆的屏蔽层两端接地，严禁使用电缆

内的备用芯线替代屏蔽层接地。(《国家电网有限公司十八项电网重大反事故措施(2018年修订版)及编制说明》15.6.2.5)

(2)对经长电缆跳闸的回路,应采取防止长电缆分布电容影响和防止出口继电器误动的措施。(《国家电网有限公司十八项电网重大反事故措施(2018年修订版)及编制说明》15.6.8)

3.应对措施

(1)保护装置新投或检修后投运时应满足:保护装置内部的所有焊接点、插件接触牢固,安装在保护装置输入回路和电源回路的减缓电磁干扰器件和措施应处于良好状态,各插件印刷电路板应无损伤或变形,连线连接良好,各插件上元件焊接良好,芯片插紧。(DL/T 995—2016《继电保护和电网安全自动装置检验规程》5.3.3.2)

(2)新安装的保护装置应进行绝缘试验,保护装置内所有互感器的屏蔽层应可靠接地。(DL/T 995—2016《继电保护和电网安全自动装置检验规程》5.3.3.3)

(3)应对保护工作电源装置进行上电掉电验收,保护装置不应发异常数据,继电保护不应误动作。(DL/T 995—2016《继电保护和电网安全自动装置检验规程》5.3.3.5)

## 案例 30　TV 空气开关故障导致电压为 0,手合加速距离保护动作跳闸

1.事故经过

××日,1000kV××Ⅰ线完成××变电站 GIS 分支母线基础下沉消缺工作后,××侧充电时,××变电站 1000kV××Ⅰ线第一套线路保护装置(NSR-303GSFF-U,生产厂家为南京南瑞继保电气有限公司)因 TV 空气开关故障导致所采电压为 0,手合加速距离保护动作跳闸。

2.涉及条例

(1)继电保护检验人员应了解掌握有关设备的技术性能及其调试结果,并负责检验自保护屏柜引至断路器(包括隔离开关)二次回路端子排处有关电缆线连接的正确性及螺钉压接的可靠性。(DL/T 995—2016《继电保护和电网安全自动装置检验规程》5.3.2.6)

(2)新安装或经更改的电流、电压回路,应检查电压、电流二次回路接线的正确性。(DL/T 995—2016《继电保护和电网安全自动装置检验规程》5.3.2.6)

3.应对措施

(1)电压互感器二次回路新投入时,应检查电压互感器二次回路所有熔断器(自动开关)的装设地点、熔断(脱扣)电流是否合适(自动开关的脱扣电流需通过试验确定)、质量是否良好,能否保证选择性。

(2)新安装的二次回路投运前,核对熔断器(自动开关)的额定电流是否与设计相符或与所接入的负荷相适应,并满足上下级之间的配合。

(3)为防止直流熔断器不正常熔断或自动开关失灵而扩大事故,应定期对运行中的熔断器和自动开关进行检验,严禁质量不合格的熔断器和自动开关投入运行。

# 第八节 变电站火灾事故

## 案例 31 违章操作使电焊火花引燃变压器油

1. 事故经过

××日，500kV××变电站 A 相变压器发生火灾，如图 2-7-1 所示，火灾发生在变压器滤油操作过程中，由于违章操作，电焊火花引燃了可燃材料，进而引燃了变压器油，使燃烧迅速扩大。

图 2-7-1 火灾现场照片

2. 涉及条款

（1）在重点防火部位和存放易燃易爆物品的场所附近及存有易燃物品的容器上使用电、气焊时，应严格执行动火工作的有关规定，按有关规定填用动火工作票，备有必要的消防器材。（Q/GDW 1799.1—2013《国家电网公司电力安全工作规程 变电部分》16.5.3）

（2）一级动火时，工区分管生产的领导或技术负责人（总工程师）、消防（专职）人员应始终在现场监护。（Q/GDW 1799.1—2013《国家电网公司电力安全工作规程 变电部分》16.6.11.2）

（3）在变电站内进行动火作业，需要到主管部门办理动火（票）手续，并采取安全可靠的措施。（《国家电网公司变电运维管理规定》第 26 分册 1.1.15）

（4）有条件拆下的构件，如油管、阀门等应拆下来移至安全场所。（Q/GDW 1799.1—2013《国家电网公司电力安全工作规程 变电部分》16.6.10.1）

（5）不准在带有压力（液体压力或气体压力）的设备上或带电的设备上进行焊接，特殊情况下需在带压和带电的设备上进行焊接时，应采取安全措施，并经本单位分管生产的领导（总工程师）批准。（Q/GDW 1799.1—2013《国家电网公司电力安全工作规程 变电

部分》16.5.1）

3. 应对措施

（1）在防火重点部位或场所以及禁止明火区动火作业，应填用动火工作票。（Q/GDW 1799.1—2013《国家电网公司电力安全工作规程 变电部分》16.6.1）

（2）一级动火在首次动火时，各级审批人和动火工作票签发人均应到现场检查防火安全措施是否正确完备，测定可燃气体、易燃液体的可燃蒸气含量是否合格，并在监护下做明火试验，确无问题后方可动火。（Q/GDW 1799.1—2013《国家电网公司电力安全工作规程 变电部分》16.6.11.1）

（3）动火作业应有专人监护，动火作业前应清除动火现场及周围的易燃物品，或采取其他有效的安全防火措施，配备足够适用的消防器材。（Q/GDW 1799.1—2013《国家电网公司电力安全工作规程 变电部分》16.6.10.5）

（4）可以采用不动火的方法代替而同样能够达到效果时，尽量采用替代的方法处理。（Q/GDW 1799.1—2013《国家电网公司电力安全工作规程 变电部分》16.6.10.2）

## 案例 32　开关柜运行年限过久设备接触不良引发火灾

1. 事故经过

××日，运维值班员接到调度通知，35kV××变电站互为备投的两条电源进线均跳闸，该变电站全站失压，需现场检查。值班员到达现场后发现 35kV 高压室冒浓烟，无法进入高压室查看情况，主控室也因浓烟影响无法进入（变电站用电源失去，通风装置无法正常开启），现场人员拨打"119"火警电话后，由当地消防部门将火扑灭。后经调查判断为××开关柜运行年限过久柜内设备接触不良引起放电，导致设备绝缘层烧毁，引燃××开关柜柜内设备，且由于封堵隔离措施不良，使火灾蔓延。

2. 涉及条款

（1）各变电站（换流站）应根据规范及设计导则安装火灾自动报警系统。火灾自动报警信号应接入有人值守的消防控制室，并有声光警示功能。（《国家电网有限公司十八项电网重大反事故措施（2018 年修订版）及编制说明》18.1.2.4）

（2）开关柜各高压隔离室均应设有泄压通道或压力释放装置。当开关柜内产生内部故障电弧时，压力释放装置应能可靠打开，压力释放方向应避开巡视通道和其他设备。（《国家电网有限公司十八项电网重大反事故措施（2018 年修订版）及编制说明》12.4.1.5）。

（3）开关柜中的绝缘件应采用阻燃性绝缘材料，阻燃等级需达到 V－0 级。（《国家电网有限公司十八项电网重大反事故措施（2018 年修订版）及编制说明》12.4.1.7）。

（4）开关柜间连通部位应采取有效的封堵隔离措施，防止开关柜火灾蔓延。（《国家电网有限公司十八项电网重大反事故措施（2018 年修订版）及编制说明》12.4.1.8）。

（5）开关柜应选用 IAC 级（内部故障级别）产品，生产厂家应提供相应型式试验报告（附试验试品照片）。选用开关柜时应确认其母线室、断路器室、电缆室相互独立，且通过相应内部燃弧试验，燃弧时间不小于 0.5s，试验电流为额定短时耐受电流。（《国家电网有限公司十八项电网重大反事故措施（2018 年修订版）及编制说明》12.4.1.4）。

3. 应对措施

（1）未开展带电检测老旧设备（大于 20 年运龄），停电试验不大于基准周期。判定设备继续运行有风险，则不论是否到期，都应列入最近的年度试验计划，情况严重时，应尽快退出运行，进行试验。（《国家电网公司变电检测管理规定》第三十条和第三十二条）

（2）积极开展超声波局部放电检测、暂态地电压检测等带电检测技术的研究和应用，及早发现开关柜内绝缘缺陷，防止由开关柜内部局部放电演变成短路故障。（国家电网生〔2010〕1580 号《关于印发〈预防交流高压开关柜人身伤害事故措施〉》第二十五条）

（3）加强开展开关柜温度检测，对温度异常的开关柜强化监测、分析和处理，防止导电回路过热引发的柜内短路故障。（国家电网生〔2010〕1580 号《关于印发〈预防交流高压开关柜人身伤害事故措施〉》第二十六条）

（4）事故时照明、风机电源应由保安电源供给，未设置保安电源的应按Ⅱ类负荷供电，消防设施用电线路敷设应满足火灾时连续供电的需求。（《国家电网有限公司十八项电网重大反事故措施（2018 年修订版）及编制说明》18.1.2.7）

（5）高压室等防火、防爆重点场所应采用防爆型的照明、通风设备，其控制开关应安装在室外。（《国家电网有限公司十八项电网重大反事故措施（2018 年修订版）及编制说明》18.1.2.8）

（6）应选用开关柜各高压隔离室有泄压通道或压力释放装置，压力释放方向应避开巡视通道和其他设备。（《国家电网有限公司十八项电网重大反事故措施（2018 年修订版）及编制说明》12.4.1.5）

**案例 33** **电缆沟绝缘受损，接地短路未及时切除，引发火灾**

1. 事故经过

××日，500kV××变电站因电缆沟动力电缆绝缘受损，接地短路未及时切除，起火引燃同沟道敷设的控制电缆，导致 500kVⅡ母、500kVⅠ母失灵保护先后动作，两条母线先后失压。

2. 涉及条款

（1）控制电缆不应与动力电缆并排铺设。对不满足要求的运行变电站，应采取加装防火隔离措施。（《国家电网有限公司十八项电网重大反事故措施（2018 年修订版）及编制说明》5.3.2.3）

（2）110（66）kV 及以上电压等级电缆在隧道、电缆沟、变电站内、桥梁内应选用阻燃电缆，其成束阻燃性能应不低于 C 级。与电力电缆同通道敷设的低压电缆、通信光缆等应穿入阻燃管，或采取其他防火隔离措施。应开展阻燃电缆阻燃性能到货抽检试验，以及阻燃防火材料（防火槽盒、防火隔板、阻燃管）防火性能到货抽检试验，并向运维单

位提供抽检报告。修复。(《国家电网有限公司十八项电网重大反事故措施(2018 年修订版)及编制说明》13.2.1.3)

(3)隧道、竖井、变电站电缆层应采取防火墙、防火隔离及封堵等防火措施。防火墙、阻火隔层和阻火封堵应满足耐火极限不低于 1h 的耐火完整性、隔热性要求。建筑内的电缆井在每层楼板处采用不低于楼板耐火极限的不燃材料或防火封堵材料封堵。(《国家电网有限公司十八项电网重大反事故措施(2018 年修订版)及编制说明》13.2.1.7)

3.应对措施

(1)逐步对电缆沟内电缆进行改造:低压动力电缆、控制电缆和通信电缆同沟敷设时,动力电缆应在最上层,控制电缆在中间层,两者之间应采用防火隔板隔离;通信电缆及光纤等敷设在最下层并放置在耐火槽盒内。(设备变电〔2018〕15 号《变电站(换流站)消防设备设施完善化改造原则》4.2.4.4)

(2)电缆夹层、电缆竖井、电缆沟敷设的直流电缆和动力电缆均应采用阻燃电缆,非阻燃电缆应包绕防火包带或涂防火涂料,涂刷至防火墙两端各 1m。(《国家电网公司变电运维管理规定》第 14 分册 1.1.3)

(3)电缆竖井中应分层设置防火隔板,电缆沟直线距离不大于 60m 设置防火封堵墙,防火墙墙体无破损,封堵良好。(《国家电网公司变电运维管理规定》第 14 分册 1.1.4)

(4)变电站夹层宜安装温度、烟气监视报警器,重要的电缆隧道安装火灾探测报警装置,并定期检测。(《国家电网有限公司十八项电网重大反事故措施(2018 年修订版)及编制说明》13.2.1.8)

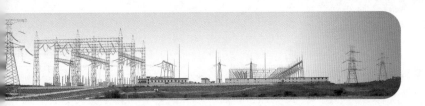

# 第三章

# 主动运维管理规定及缺陷案例

> 培训目标：通过学习本章内容，学员可以了解变电专业近 5 年通过主动运维检测发现的缺陷，总结消缺经验，落实相关运维管理要求，提升运维人员故障异常分析判断能力和专业管理水平。

## 第一节　运维巡视管理规定及发现的缺陷

### 一、运维巡视管理规定

《国家电网公司变电运维管理规定》第八章中关于变电运维设备巡视的相关规定，强调在变电运维专业中设备巡视的重要性，密切关注设备运行状况，加强对现存隐患跟踪排查，重点做好设备油温、油位、压力等巡视检查，确保设备运行安全。

（一）运维巡视基本要求

（1）运维班负责所辖变电站的现场设备巡视工作，应结合每月停电检修计划、带电检测、设备消缺维护等工作统筹组织实施，提高运维质量和效率。

（2）巡视应执行标准化作业，保证巡视质量。

（3）运维班班长、副班长和专业工程师应每月至少参加 1 次巡视，监督、考核巡视检查质量。

（4）对于不具备可靠的自动监视和告警系统的设备，应适当增加巡视次数。

（5）巡视设备时运维人员应着工作服，正确佩戴安全帽。雷雨天气必须巡视时应穿绝缘靴、着雨衣，不得靠近避雷器和避雷针，不得触碰设备、架构。

（6）为确保夜间巡视安全，变电站应具备完善的照明。

（7）现场巡视工器具应合格、齐备。

（8）备用设备应按照运行设备的要求进行巡视。

（二）巡视分类及周期

变电站的设备巡视检查，分为例行巡视、全面巡视、专业巡视、熄灯巡视和特殊巡视。

1. 例行巡视

例行巡视是指对站内设备及设施外观、异常声响、设备渗漏、监控系统、二次装置及辅助设施异常告警、消防安防系统完好性、变电站运行环境、缺陷和隐患跟踪检查等方面的常规性巡查，具体巡视项目按照现场运行通用规程和专用规程执行。一类变电站每 2 天不少于 1 次；二类变电站每 3 天不少于 1 次；三类变电站每周不少于 1 次；四类变电站每 2 周不少于 1 次。配置机器人巡检系统的变电站，机器人可巡视的设备可由机器人巡视代替人工例行巡视。

2. 全面巡视

全面巡视是指在例行巡视项目基础上，对站内设备开启箱门检查，记录设备运行数据，检查设备污秽情况，检查防火、防小动物、防误闭锁等有无漏洞，检查接地引下线是否完好，检查变电站设备厂房等方面的详细巡查。全面巡视和例行巡视可一并进行。一类变电站每周不少于 1 次；二类变电站每 15 天不少于 1 次；三类变电站每月不少于 1 次；四类变电站每 2 月不少于 1 次。需要解除防误闭锁装置才能进行巡视的，巡视周期由各运维单位根据变电站运行环境及设备情况在现场运行专用规程中明确。

3. 熄灯巡视

熄灯巡视指夜间熄灯开展的巡视，重点检查设备有无电晕、放电，接头有无过热现象。熄灯巡视每月不少于 1 次。

4. 专业巡视

专业巡视指为深入掌握设备状态，由运维、检修、设备状态评价人员联合开展对设备的集中巡查和检测。一类变电站每月不少于 1 次；二类变电站每季不少于 1 次；三类变电站每半年不少于 1 次；四类变电站每年不少于 1 次。

5. 特殊巡视

特殊巡视指因设备运行环境、方式变化而开展的巡视。遇有以下情况，应进行特殊巡视：

（1）大风前后；

（2）雷雨后；

（3）冰雪、冰雹后、雾霾过程中；

（4）新设备投入运行后；

（5）设备经过检修、改造或长期停运后重新投入系统运行后；

（6）设备缺陷有发展时；

（7）设备发生过负荷或负荷剧增、超温、发热、系统冲击、跳闸等异常情况；

（8）法定节假日、上级通知有重要保供电任务时；

（9）电网供电可靠性下降或存在发生较大电网事故（事件）风险时段。

（三）巡视记录

各类巡视完成后应填写巡视记录，其中全面巡视应持标准作业卡巡视，并逐项填写巡视结果。

## 二、运维巡视发现的缺陷

**案例 34　线夹焊接质量不达标，接地开关出线引线断裂**

### 1. 缺陷概况

2020 年 2 月 16 日 7:50，国网山西电力运维人员巡视发现 500kV 雁同变电站 500kV 塔雁 I 线 5041－67 接地开关 A 相出线引线断裂（2 分裂导线其中 1 根断裂，另 1 根未见异常）危急缺陷，当日阴天，风力 5－6 级，红外热像检测无异常，其运行工况及红外图谱如图 3－1－1 所示。11:24 将塔雁 I 线线路转检修进行消缺处理。断裂的设备线夹为压缩型双导线设备线夹（型号为 SSY－1400，生产厂家为辽宁锦兴金具公司，2014 年 6 月投运），导线金具断裂情况如图 3－1－2 所示。

图 3－1－1　5041－67 接地开关 A 相单根导线运行工况及红外图谱

（a）导线断裂图 1；（b）导线断裂图 2；（c）导线运行工况；（d）现场测温红外图谱

### 2. 缺陷分析

通过对断裂金具及端口开展宏观检查、无损渗透检测、DR 射线检测、硬度性能检测及便携式直读光谱材料分析。综合分析认为，线夹焊缝焊接质量不达标是造成线夹金具断裂的内在原因，环境风力交变循环作用是此次设备线夹焊缝断裂的外在原因。

图 3-1-2 导线金具断裂情况

（a）现场断裂处底座；（b）现场断裂处排水孔；（c）现场断裂处 1；（d）现场断裂处线夹；（e）现场断裂处 2；
（f）现场断裂处 3；（g）现场断裂处位置；（h）现场断裂设备线夹型号

3. 处理情况

现场利用备品制作新线夹，完成引线压接后，19:23 恢复塔雁 I 线运行。

案例 35　**密封圈老化变形，高抗中性点将军帽漏油**

1. 缺陷概况

2020 年 1 月 14 日 10:56，国网辽宁电力运维人员巡视发现 500kV 沙岭变电站 500kV 科沙 I 线 B 相高抗（生产厂家为特变电工沈阳变压器集团，2008 年 6 月投运）中性点套管将军帽处漏油，如图 3-1-3 所示，现场申请停运处理。漏油引线接头内部装配图如图 3-1-4 所示。

图 3-1-3　高抗套管顶部渗油点

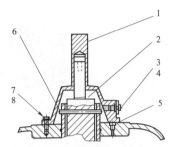

图 3-1-4　漏油引线接头内部装配图
1—顶套；2—引线接头；3—注油塞；4—O形密封圈；
5—密封垫螺栓；6—销；7—螺栓；8—弹簧垫圈

2. 缺陷分析

分析该套管渗油是由于密封胶圈经过长时间运行后，老化及变形严重，弹性性能下降，导致密封不严。

3. 处理情况

1月14日17:02，现场更换密封胶圈后，设备恢复运行。

**案例36**　**密封垫工艺不良断裂，高抗套管底部与法兰对接密封面渗油**

1. 缺陷概况

2020年3月22日，国网新疆电力750kV五家渠变电站运维人员巡视发现750kV渠城Ⅰ线B相高抗渗漏油，检查发现为高抗低压套管瓷套底部与底座法兰对接密封面处渗油，约每5s滴1滴，如图3-1-5所示。对接法兰密封面异物及错位情况如图3-1-6所示。该高抗生产厂家为山东电工电气集团，低压套管生产厂家为特变电工沈阳变压器集团电气组件分公司，2018年12月投运。检查发现，瓷套与法兰对接所用的密封垫已经断裂，从密封槽内部外翘出来，内部绝缘油从外翘密封圈部位处渗出。对接法兰外翘密封垫如图3-1-7所示，套管结构示意图如图3-1-8所示，更换下来的密封圈如图3-1-9所示。

(a)

(b)

图 3-1-5　对接法兰密封面渗油
（a）对接法兰渗油点；（b）渗油法兰位置

59

图 3-1-6 对接法兰密封面异物及错位情况

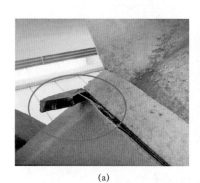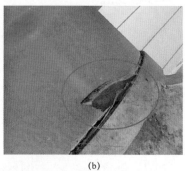

(a)                    (b)

图 3-1-7 对接法兰外翘密封垫

(a) 密封垫外翘角度 1;(b) 密封垫外翘角度 2

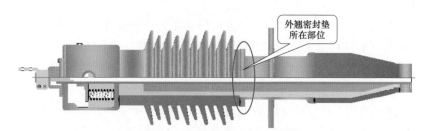

图 3-1-8 套管结构示意图

图 3-1-9 更换下来的密封垫

2. 缺陷分析

4 月 10 日，该套管在国网新疆电力检修基地解体，漏油原因为套管厂内密封件组装工艺不良：由于空气侧瓷套与金属法兰结合部位的密封垫未正确安装于密封槽内，组装时受挤压致破损，在高抗运行振动和套管斜装应力等综合因素作用下，密封垫最终断裂、外翘并产生漏油。

3. 处理情况

经连续多日跟踪油位，750kV 渠城 I 线高抗 B 相低压套管 4 月 1 日油位为 1/10，且渗油速度明显加快，申请临时停电更换处理，并于 4 月 6 日 16:45，恢复 750kV 渠城 I 线线路运行。

## 案例 37 高抗中性点套管渗漏油

1. 缺陷概况

2020 年 5 月 4 日，国网辽宁电力运维人员巡视发现 500kV 阜新变电站 500kV 阜鹤 2 号线 A 相电抗器中性点套管漏油，如图 3−1−10 所示。高抗生产厂家为山东电力设备公司生产，中性点套管生产厂家为特变电工沈阳变压器集团电气组件分公司生产，均为 2018 年 6 月投运。

(a) (b)

图 3−1−10 漏油电抗器

(a) 2 号电抗器外观；(b) 现场漏油照片

2. 缺陷分析

现场申请线路及高抗停运，检查发现该中性点套管的瓷套与下部金属法兰结合部渗漏油，该部位的密封绝缘胶垫已断裂并被挤出铁瓷结合处，如图 3−1−11 所示。分析漏油原因为中性点套管厂内组装工艺不佳，中性点套管结构为非胶装结构、倾斜布置，该结构套管承受水平外力能力较差。高抗在运行中振动较大，长期振动致中性点套管上瓷件逐渐向下偏移，当偏移量过大时造成套管严重渗漏油。

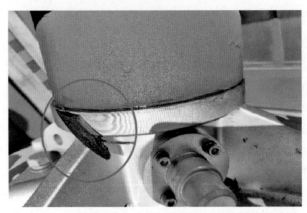

图 3-1-11 密封绝缘胶垫已断裂并被挤出铁瓷结合处

3. 处理情况

18:57 拉开高抗隔离开关后，恢复 500kV 阜鹤 2 号线运行，高抗处于检修状态。现场将缺陷套管拆除后返厂维修，修复后返回现场安装。

**案例38** **变压器低压侧引线热胀冷缩，导致低压套管密封不严而漏油**

1. 缺陷概况

2020 年 5 月 16 日 6:40，国网冀北电力运维人员巡视发现 500kV 房山变电站 4 号变压器 C 相（生产厂家为保定天威集团，2004 年出厂，2018 年 1 月大修后在房山变电站投运）低压套管严重漏油，为危急缺陷，漏油位置如图 3-1-12 和图 3-1-13 所示。11:09，现场将 4 号变压器转检修，进行漏油缺陷处理。

图 3-1-12 4 号主变 C 相低压套管漏油处

2. 缺陷分析

分析原因为低压侧一次引线受环境温度变化热胀冷缩，对低压套管产生应力，导致套管顶部密封不严，出现漏油，套管漏油位置出油处如图 3-1-14 所示，低压套管顶部密封件如图 3-1-15 所示。

图3-1-13　套管漏油部位

图3-1-14　套管漏油位置出油处

图3-1-15　低压套管顶部密封件

3. 处理情况

更换一次引线、套管密封胶垫，补油后于 17 日 9:49 恢复 4 号变压器运行。

**案例 39** **线夹工艺质量存在问题导致断裂**

1. 缺陷概况

2020 年 6 月 1 日，国网新疆电力运维人员巡视发现 750kV 五彩湾变电站 750kV 彩昌Ⅲ线 75422 隔离开关 C 相与Ⅱ母引线间的设备线夹断裂，线夹（生产厂家为辽宁锦兴特种材料科技有限公司，2018 年 5 月投运）焊缝处脱焊开裂，如图 3-1-16 和图 3-1-17 所示。

图 3-1-16 五彩湾变电站 75422 隔离开关压接金具断裂位置

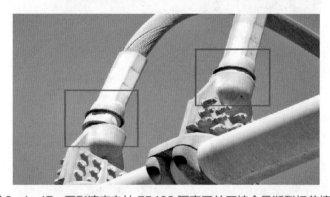

图 3-1-17 五彩湾变电站 75422 隔离开关压接金具断裂细节情况

2. 缺陷分析

该类型设备线夹焊接工艺、材料质量存在问题，长期运行时随风摆动，导致设备线夹最薄弱处逐渐撕裂脱焊。

3. 处理情况

6 月 2 日 22:47 完成脱焊金具更换，恢复 750kVⅡ母送电。

**案例 40** **CVT 引线裕度过长，风力摆动导致断股**

1. 缺陷概况

2020 年 7 月 2 日，国网新疆电力运维人员巡视发现 750kV 烟墩变电站 750kV 烟天Ⅱ

线 CVT（生产厂家为西安西电集团，2013 年 6 月投运）B 相引线断股严重（已断股 18 根，共计 82 根），为危急缺陷，红外检测无异常。引线断股如图 3-1-18 所示。

2. 缺陷分析

初步分析该引线裕度过长，在风力作用下摆动，与设备线夹连接处受力而折断。对该变电站同类型线夹进行排查，未见异常。

3. 处理情况

7 月 2 日 21:59，更换引线后恢复线路运行。

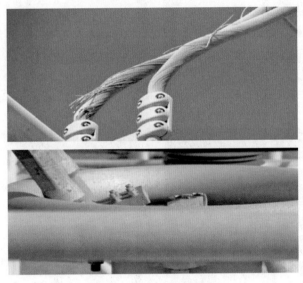

图 3-1-18　引线断股

**案例 41　大风后多支避雷器倾斜并拉拽，导致高抗套管渗油**

1. 缺陷概况

2020 年 7 月 6 日 7:32，国网山西电力运维人员在大风后特巡，发现 500kV 霍州变电站 500kV 4 支避雷器倾斜、瓷柱根部断裂，分别是 500kV Ⅰ 母高抗 B、C 相、霍临 Ⅱ 线 C 相、晋霍 Ⅰ 线 A 相避雷器（生产厂家均为北京电力设备厂，2005～2006 年投运）。22:07 调度批复转检修，进行更换处理。

2. 缺陷分析

结合试验分析，是大风导致 500kV Ⅰ 母高抗 B、C 相、霍临 Ⅱ 线 C 相、晋霍 Ⅰ 线 A 相避雷器根部断裂（当日 10 级大风）。现场避雷器照片如图 3-1-19 所示，500kV Ⅰ 母高抗 B、C 相高压套管受倾斜的避雷器拉拽，导致套管端部储油柜与瓷套连接处渗油，高压套管介质损耗（简称介损）试验数据超标，需对 Ⅰ 母高抗套管进行更换。

3. 处理情况

7 月 9 日，山西 500kV 晋霍 Ⅰ 线、霍临 Ⅱ 线完成霍州变电站侧线路避雷器消缺后，恢复运行。7 月 11 日对 500kV Ⅰ 母高抗 B、C 相避雷器进行消缺，高抗 B、C 相两只损坏套管已更换，并经过注油、静置，耐压、局部放电等试验，结果合格后加入运行。

(a)　(b)　(c)　(d)

图 3-1-19　现场避雷器照片

（a）500kV Ⅰ 母高抗 B 相避雷器；（b）500kV Ⅰ 母高抗 C 相避雷器；
（c）500kV 霍临二线 C 相避雷器；（d）500kV 晋霍一线 A 相避雷器

## 案例 42　TA 膨胀器老化，外罩与瓷套铁瓷结合部位漏油

1. 缺陷概况

2020 年 7 月 23 日 18:51，国网吉林电力 500kV 包家变电站运维人员巡视发现 500kV 吉包 1 号线 5033B 相 TA（生产厂家为特变电工沈阳变压器集团，2001 年 4 月投运）膨胀器外罩与瓷套铁瓷结合部位漏油，为危急缺陷。B 相电流互感器本体如图 3-1-20 所示。其漏油情况如图 3-1-21～图 3-1-23 所示。21:20，现场将 5033 断路器停运，线路单断路器运行，无负荷损失。

图 3-1-20 B相电流互感器本体

图 3-1-21 B相电流互感器呼吸器口渗漏油

图 3-1-22 B相电流互感器外瓷套进溅油渍

图 3-1-23 B相电流互感器底部南侧大片油渍

2. 缺陷分析

分析原因为金属膨胀器长期运行而老化，联管焊接处出现裂纹，本体油进入金属膨胀器内部，通过呼吸联管将油排出，造成漏油。

3. 处理情况

利用备品更换 5033 三相 TA。28 日 17:24 完成三相 TA 更换，恢复运行。

**案例 43** **避雷器接线端子设计强度不够，大风后接线端子断裂**

1. 缺陷概况

2020 年 8 月 26 日，国网新疆电力运维人员主动开展大风后巡视，发现 750kV 巴州变电站 750kV Ⅰ 母避雷器（生产厂家为抚顺电瓷制造公司，2014 年 6 月投运）A 相顶部接线端子断裂、C 相顶部接线端子有裂痕。接线端子断口形貌如图 3-1-24 所示。20:20，现场申请 750kV Ⅰ 母停运，对避雷器顶部接线端子进行更换。

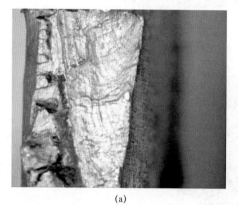 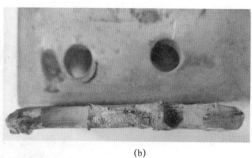

(a) (b)

图 3-1-24 接线端子断口形貌

（a）A 相接线端子断口形貌；（b）C 相接线端子断口形貌

2. 缺陷分析

该类型避雷器接线端子设计强度不够，均压环与本体连接法兰为一体焊接，法兰上方焊接门形接线端子，端子厚度仅为 10mm，上表面尺寸为 100mm×164mm，孔距为 50mm，孔径为 17mm，焊接面无加强筋，避雷器上方引下线、弓子线在大风天气受拉力、风压、弯矩等多种力持续作用，造成接线端子沿着安装孔开裂。

3. 处理情况

8 月 27 日 13:08，新疆 750kV 巴州变电站 750kV Ⅰ 母线完成 A、C 两相避雷器顶部接线端子更换，恢复运行。结合停电，逐步对同生产厂家的同结构形式的 B 相避雷器顶部接线端子进行加固。

**案例 44** **高抗导油管材质存在质量缺陷导致漏油**

1. 缺陷概况

2020 年 10 月 31 日 11:20，蒙东特高压胜利变电站运维人员巡视发现 1000kV 胜锡 Ⅱ 线高抗 C 相储油柜至本体联管漏油，呈喷射状，漏油位置如图 3-1-25 所示，油位图如图 3-1-26 所示。11:41，现场申请将胜锡Ⅱ线由运行转检修，检查发现该相储油柜至本体间 φ80mm 导油管存在裂缝。该高抗为西安西电变压器有限责任公司集团 2016 年 10 月生产，2017 年 6 月首次投运，2019 年因乙炔超标返厂修复，后于 2020 年 6 月就位，C 相再次投运。2020 年 9 月蒙东电科院开展胜锡Ⅱ线高抗振动检测，C 相最大振动位移值为 86.89μm（注意值：100μm）。

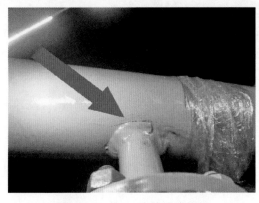

图 3-1-25　油管漏油位置

图 3-1-26　缺陷发生时油位图

2．缺陷分析

初步判断该相高抗储油柜至本体间油管路材质存在质量缺陷。

3．处理情况

11 月 5 日 00:29，蒙东特高压胜利变电站完成 1000kV 胜锡Ⅱ线 C 相高抗储油柜至本体联管更换，恢复运行。

### 案例 45　高抗集气盒受力导致有机玻璃破损

1．缺陷概况

2020 年 11 月 5 日 14:19，国网西藏电力运维人员巡视发现 500kV 查务变电站（试运行阶段，尚未移交运行单位）220kV 林查Ⅱ线 B 相高抗（生产厂家为西电西安变压器公司）集气盒（生产厂家为沈阳科奇公司）有机玻璃破损，现场申请临时停运，检查高抗本体和油色谱试验正常。

异常发生后，设备部组织中国电科院赶赴现场，检查发现集气盒玻璃圆心处破裂（直径约 10cm）（见图 3-1-27），集气盒内无玻璃碴和流油，正对面 50cm 左右蝶阀壁有细碎玻璃碴（见图 3-1-28），判断玻璃碎裂为由内向外受力所致。

2．缺陷分析

初步分析集气盒玻璃曾受外部冲击导致受损，在内部压力作用下逐步发展扩大导致破裂，检查该变电站同批次 12 台高抗气体继电器集气盒观察窗，未发现异常。现场已将故障集气盒和备用相集气盒送至北京技术研究院西安分院，开展相关试验检测和异常复现测试。

3．处理情况

11 月 6 日 6:00，完成集气盒更换后恢复送电。

图 3-1-27　观察窗玻璃碎裂情况　　图 3-1-28　正对面蝶阀壁玻璃碴

## 案例 46　高抗压力释放阀漏油

1. 缺陷概况

2019 年 2 月 20 日，国网西藏电力芒康变电站运维人员巡视发现 500kV 芒左Ⅱ线线路 A 相高抗（生产厂家为特变电工沈阳变压器集团，2018 年 10 月投运）压力释放阀漏油，漏油速度约 2 滴/s，压力释放阀未动作，油色谱数据、油温、绕组温度及油位正常，漏油点如图 3-1-29 所示。

(a)　　　　　　　　　(b)

图 3-1-29　高抗漏油点

（a）设备漏油处；（b）解体后内部漏油处

2. 缺陷分析

停运检查发现，压力释放阀（生产厂家为美国奎立公司，型号 LPRD-208）密封处存在渗漏，分析判断压力释放阀存在质量问题，密封不严导致漏油。

3. 处理情况

22 日 18:00，更换压力释放阀后恢复正常。23 日 2:02，500kV 芒左Ⅱ线恢复正常运行方式。

**案例 47 CVT 二次电缆护管接地电阻较大造成悬浮放电引起异响**

1. 缺陷概况

2019 年 4 月 21 日 00:24，山西特高压洪善变电站首检送电后，运维人员发现 1000kV 横洪Ⅱ线 C 相线路电压互感器（生产厂家为西安西电集团，2017 年 8 月投运）中底部有异常声响，天气大雾。00:52 申请停电，检查设备外观正常，相关试验均正常。

2. 缺陷分析

分析原因为 C 相二次电缆蛇皮护管（为不锈钢材质，见图 3-1-30）接地电阻较大（C 相 0.6Ω，A、B 相 0.1Ω），在潮湿情况下造成悬浮放电引起异响。

图 3-1-30 二次接线蛇皮护管

3. 处理情况

对该护管接地进行打磨处理后，于 4 月 22 日 0:03 恢复正常运行。

**案例 48 避雷器胶装质量不良导致断裂**

1. 缺陷概况

2019 年 7 月 21 日 18:52，国网新疆电力 750kV 乌北变电站运维人员巡视时发现 750kV 乌渠Ⅱ线线路侧 A 相避雷器（生产厂家为平高东芝（廊坊）避雷器有限公司，2018 年 7 月投运）从下往上第一节断裂，第二至四节均掉落至地面（线路运行正常），避雷器连接引线及管母未脱落悬挂在空中，如图 3-1-31 所示。21 日 22:31，乌渠Ⅱ线转检修。

2. 缺陷分析

现场检查发现避雷器顶部 L 形金具两头断裂、电压互感器顶部连接金具严重变形、顶盖严重撕裂、A 相弓字线受力变形，判断为避雷器胶装质量问题导致断裂。电压互感器接线端子及顶盖严重撕裂如图 3-1-32 所示，TV 连接金具严重变形如图 3-1-33 所示。

(a)

(b)

**图 3-1-31　现场掉落的避雷器**

（a）从下往上第一节避雷器；（b）现场掉落的避雷器

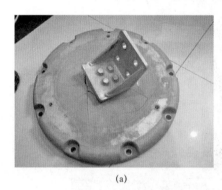
(a)

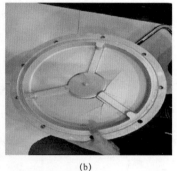
(b)

**图 3-1-32　电压互感器接线端子及顶盖严重撕裂**

（a）电压互感器接线端子；（b）电压互感器顶盖

(a)

(b)

**图 3-1-33　TV 连接金具严重变形**

（a）连接引线；（b）连接金具

**3. 处理情况**

拆除更换备用间隔避雷器，更换电压互感器受损接线端子和金具，对避雷器、电压互感器经电气试验合格后，于 7 月 23 日 19:00 恢复运行。

**案例 49　雷雨大风天气导致电压互感器膨胀器端盖掉落**

1. 缺陷概况

2019 年 8 月 15 日 16:00，国网湖北电力 500kV 恩施变电站运维人员开展雨后特巡时发现 2 号变压器 35kV 低压侧电压互感器（生产厂家为湖南电瓷电器厂，户外瓷柱式，2007年 8 月投运）C 相膨胀器顶部端盖掉落，现场检查油位正常，无其他明显异常。

2. 缺陷分析

8 月 15 日 15:00，恩施变电站所在地区突降暴雨并伴有雷电大风，16:00 运维人员开展雨后专项巡视发现异常，判断缺陷原因为雷雨大风导致。

3. 处理情况

8 月 19 日 1:55，恩施变电站 500kV 2 号变压器由运行转检修消缺；5:08 消缺工作完毕，2 号变压器恢复正常运行。

**案例 50　压接和安装施工工艺不规范等导致线路出线侧引流线断股**

1. 缺陷概况

2019 年 8 月 23 日，国网甘肃电力 750kV 敦煌变电站运维人员巡视发现 750kV 敦哈 I线（敦煌—哈密）A 相出线侧引流线存在断股缺陷（80 余芯，断股约 10 芯），如图 3-1-34所示，13:06 申请紧急停运进行处理。

2. 缺陷分析

现场检查 7104 敦哈 I 线 A 相引流线断股部位，发现设备线夹端部扩径铝管已完全断裂，铝管外层缠绕的两层共 84 根铝绞线仅余最外层约 15 根未断裂。分析原因为导线压接和安装施工工艺不规范造成导线损伤，引流线安装位置偏差造成导线折弯处承受过大的弯矩，长期运行在风摆作用下，受金属疲劳等影响，导致扩径铝管断裂及导线断股。

图 3-1-34　7104 敦哈 I 线
A 相引流线断股情况

3. 处理情况

停电后对 7104 敦哈 I 线 A 相引流线断股缺陷进行处理，23 日 19:57 7104 敦哈 I 线投入运行。

**案例 51　长期风力作用导致接线板螺栓松脱**

1. 缺陷概况

2019 年 9 月 19 日 20 时，国网新疆电力巡视发现 750kV 亚中变电站 2 号变压器 220kV

侧避雷器 A、C 相引流线下方接线板固定螺栓有松脱（A 相松脱 3 个，C 相松脱 1 个，均为 4 个螺栓），经现场申请，2 号变压器于 20 日 9:45 转检修。

2. 缺陷分析

2 号变压器转检修后，分析原因为人字形导线在风力作用下长期晃动，致使螺栓逐渐松动脱落。

3. 处理情况

现场更换防风螺栓并紧固后，于 20 日 15:58 恢复送电。

 **案例 52** **底部法兰盘螺栓松动导致变压器高压套管漏油**

1. 缺陷概况

2019 年 12 月 18 日 8:14，四川内江市资中县发生 5.2 级地震，运维人员灾后巡视发现 500kV 内江变电站 1 号变压器高压套管（变压器及套管均为西安西电集团生产，油纸电容型，2013 年 2 月投运）漏油，如图 3-1-35 和图 3-1-36 所示，现场立即申请紧急停运。1 号主变 A 相高压侧套管油位如图 3-1-37 所示。

图 3-1-35 1 号主变 A 相渗油情况

图 3-1-36 1 号主变 A 相地面油迹

图 3-1-37 1 号主变 A 相高压侧套管油位

2. 缺陷分析

检查发现 A 相高压套管底部法兰盘螺栓松动，存在漏油现象。初步判断为套管质量存在缺陷（9 月 8 日，该套管因地震受损漏油；9 月 30 日，返厂修复后恢复运行）。

3. 处理情况

利用同型号备品进行更换，12 月 28 日具备恢复送电条件。

**案例 53　避雷针法兰连接处扭曲变形**

1. 缺陷概况

2019 年 12 月 21 日 9:45，江苏运维人员通过无人机巡视发现 500kV 斗山变电站出线架构避雷针（圆管式，2004 年投运）第二、三段之间法兰连接处扭曲变形，如图 3-1-38 和图 3-1-39 所示，现场申请 500kV 斗陆 5663 线（斗山—陆桥）、兴斗 5294 线（斗山—泰兴）停运，20:45 更换避雷针后恢复线路运行。

图 3-1-38　避雷针法兰变形

图 3-1-39　避雷针主体倾斜

2. 处理情况

当日 20:45 更换避雷针后恢复线路运行。

**案例 54　平抗呼吸器堵塞导致呼吸器剧烈呼吸**

1. 缺陷概况

2018 年 1 月 5 日，伊穆直流穆家换流站运维人员巡视发现极 I 平抗呼吸器油杯剧烈呼吸成沸腾状，立即申请停运检查。

2. 缺陷分析

经检查发现呼吸器内硅胶板结堵塞，导致平抗胶囊与外界呼吸不畅，在低温下内外压差增加冲开硅胶产生剧烈呼吸。

3. 处理情况

现场更换硅胶后恢复运行。

### 案例 55　电抗器过渡底座螺栓松动产生异响

1. 缺陷概况

2018 年 7 月 12 日，林枫直流枫泾换流站运维人员巡视发现极 II 换流变出线 PLCB 相 L1 电抗器本体附近有明显异响（生产厂家为北京电力设备总厂，2011 年 3 月投运）。

2. 缺陷分析

停运检查发现异响原因为电抗器过渡底座与支柱绝缘子连接处的一个螺栓松动。

3. 处理情况

更换紧固螺栓后，恢复运行。

### 案例 56　GIS 防爆膜腐蚀导致气室漏气

1. 缺陷概况

2016 年 3 月 1 日 8:00，复龙换流站运维人员通过对比分析发现 500kV GIS 断路器场至 61 号 M 交流滤波器母线连接管母 A 相气室漏气（生产厂家为新东北电气公司，2010 年 7 月投运，当时气室压力 0.38MPa，正常值 0.4MPa，告警值 0.35MPa），现场申请将 61 号 M 交流滤波器母线转检修进行处理。

2. 缺陷分析

经检查漏气原因为 GIS 防爆膜腐蚀导致气室漏气。

3. 处理情况

对故障防爆膜进行更换并喷涂防护涂料后，恢复运行。

## 第二节　带电检测管理规定及发现的缺陷

### 一、带电检测运维管理规定

《国家电网公司变电运维管理规定》第十三章中关于变电运维专业带电检测的相关管理规定，强调在传统运维方式的基础上，综合带电检测等手段，密切监视设备状态，对未消除的设备隐患进行重点检测，做好设备状态评价工作，提高设备运行质量。

（一）带电检测项目

运维班负责的带电检测项目包括：一、二次设备红外热成像检测、开关柜地电波检测、

GIS局部放电测试、变压器铁心与夹件接地电流测试、接地引下线导通检测、蓄电池内阻测试和蓄电池核对性充放电。

**（二）带电检测周期**

1. 主要设备带电检测周期

（1）油浸式变压器（电抗器）铁心与夹件接地电流检测周期。750~1000kV每月不少于一次，330~500kV每三个月不少于一次，220kV每6个月不少于一次，35~110kV每年不少于一次；新安装及A、B类检修重新投运后1周内。

（2）GIS特高频、超声波检测。1000kV：运维单位1个月，省电科院6个月，中国电科院6个月。330~750kV：运维单位6个月，省电科院1年。110（66）~220kV：运维单位1年；新安装及A、B类检修重新投运后1个月内；必要时。

（3）开关柜暂态地电压检测周期。暂态地电压局部放电检测至少一年一次，结合迎峰度夏（冬）开展。新投运和解体检修后的设备，应在投运后1个月内进行一次运行电压下的检测，记录开关柜每一面的测试数据作为初始数据，以后测试中作为参考。对存在异常的开关柜设备，在该异常不能完全判定时，可根据开关柜设备的运行工况缩短检测周期。

2. 运维人员开展的红外普测周期

特高压变电站红外测温每周不少于1次，500kV（330kV）及以上变电站每2周1次，220kV变电站每月1次，110kV（66kV）及以下变电站每季度1次，迎峰度夏（冬）、大负荷、新设备投运、检修结束送电期间要增加检测频次。配置机器人的变电站可由智能巡检机器人完成红外检测。普测应填写设备测温记录。

3. 主要设备红外精确测温周期

（1）油浸式变压器（电抗器）、断路器、组合电器、隔离开关、电流互感器、电压互感器、干式电抗器、串联补偿装置、母线及绝缘子精确测温周期。1000kV：运维单位1周，省电科院3个月；其中精确测温每个月1次。330~750kV（一类变电站）：运维单位2周，省电科院6个月；迎峰度夏前、迎峰度夏期间、迎峰度夏后各开展1次精确测温。330~750kV（二类变电站）：运维单位1个月，省电科院1年；迎峰度夏前、迎峰度夏期间、迎峰度夏后各开展1次精确测温。220kV：运维单位3个月。110（66）kV：运维单位6个月；新安装及A、B类检修重新投运后1周内；迎峰度夏（冬）、大负荷、检修结束送电期间增加检测频次；必要时。

（2）开关柜、并联电容器红外精确测温周期。1000kV：运维单位1周，省评价中心3月。750kV及以下：省评价中心1年；新设备投运后1周内（但应超过24h）；新安装及A、B类检修重新投运后1周内；迎峰度夏（冬）、大负荷、检修结束送电、保电期间和必要时增加检测频次。

**（三）带电检测工作应增加检测频次的情况**

（1）在雷雨季节前和大风、暴雨、冰雪灾、沙尘暴、地震、严重寒潮、严重雾霾等恶劣天气之后。

（2）新投运的设备、对核心部件或主体进行解体性检修后重新投运的设备。

（3）高峰负荷期间或负荷有较大变化时。

（4）经受故障电流冲击、过电压等不良工况后。

（5）设备有家族性缺陷警示时。

### （四）带电检测异常处理

（1）检测人员检测过程发现数据异常，应立即上报本单位运检部。对于 220kV 及以上设备，应在 1 个工作日内将异常情况以报告的形式报省公司设备部和省评价中心。

（2）省评价中心根据上报的异常数据在 1 个工作日内进行分析和诊断，必要时安排复测，并将明确的结论和建议反馈省公司设备部及运维单位，安排跟踪检测或停电检修试验。

## 二、带电检测发现的缺陷

### 案例 57　GIL 法兰与抱箍间支撑受力不均匀导致振动异响

1. 缺陷概况

2020 年 1 月 11 日 16:00，国网江苏电力运维人员带电巡视发现 1000kV 苏通 GIL 管廊站泰吴 I 线 G210 A 相气室（生产厂家为瑞士 ABB 公司，2019 年 9 月投运）第 3 段单元法兰处有异响，G210 A 相气室和示意图如图 3-2-1 和图 3-2-2 所示。超声局部放电测试发现该处（据北岸 258m 和南岸 5210m）法兰右侧与抱箍之间区域存在振动局部放电，如图 3-2-3 和图 3-2-4 所示，螺栓紧固划线位置无位移，用手触摸该处管壁底部有振动。17:40，现场申请泰吴 I 线停运。

图 3-2-1　泰吴 I 线 G210 A 相气室第 3 段位置

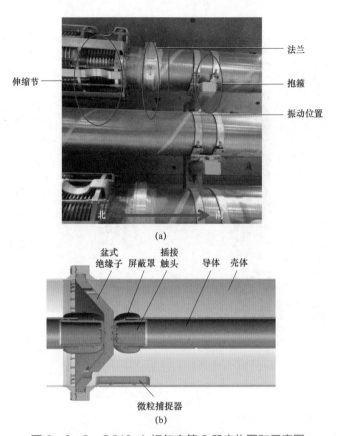

图 3-2-2 G210 A 相气室第 3 段实物图和示意图

（a）G210 A 相气室第 3 段实物图；（b）G210 A 相气室第 3 段示意图

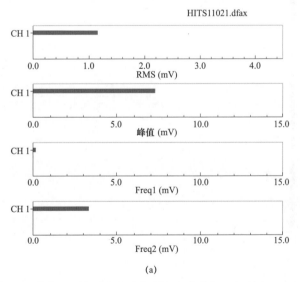

图 3-2-3 G210 A 相气室抱箍与法兰中间位置连续图、相位图、飞行图截屏（一）

（a）连续图

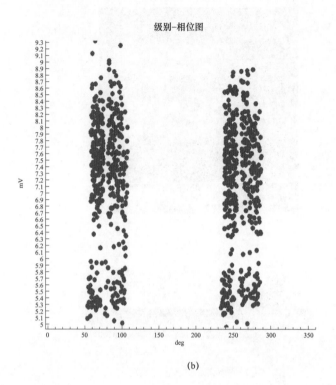

(b)

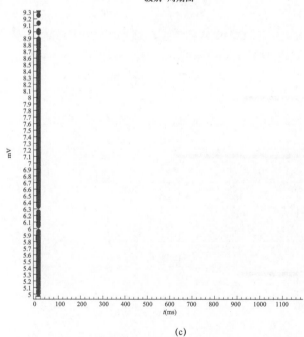

(c)

**图 3-2-3　G210 A 相气室抱箍与法兰中间位置连续图、相位图、飞行图截屏（二）**

（b）相位图；（c）飞行图

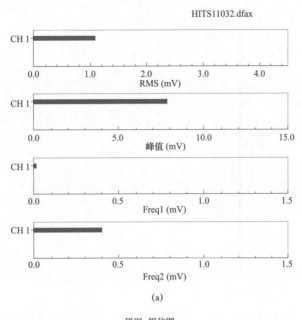

(a)

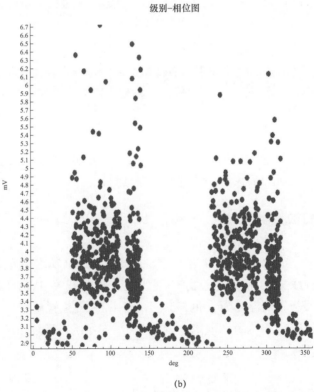

(b)

图3-2-4 G210 A相气室紧靠法兰右侧位置连续图、相位图、飞行图截屏（一）

（a）连续图；（b）相位图

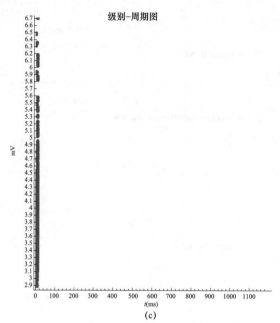

图 3-2-4　G210 A相气室紧靠法兰右侧位置连续图、相位图、飞行图截屏（二）

（c）飞行图

2. 缺陷分析

现场通过超声波局部放电检测和声学成像检测，定位异常声源位于抱箍与法兰之间，判断异常原因为受温度变化，GIL 各个位置的支撑受力不完全均匀，支撑处存在应力集中，产生共振造成异响。

3. 处理情况

经调整滑动支撑和抱箍释放应力，并重新锁紧后，异响消失，恢复正常。1 月 16 日 21:20，泰吴 I 线恢复运行，后续将持续进行跟踪检测。

## 案例58　接线板螺钉松动导致过热

1. 缺陷概况

2020 年 2 月 6 日 22:40，国网冀北电力运维人员在 500kV 御道口变电站进行红外测温时，发现 220kV 御桥线 2213 断路器（生产厂家为西安西电开关电气有限公司，2013 年 12 月投运）B 相上接线板发热温度为 160.5℃，A、C 相相同位置温度为−18℃，环境温度为−20℃，负荷电流 343A，为危急缺陷，如图 3-2-5 所示，现场申请于 2 月 7 日 19:07 将 2213 断路器转检修处理。

2. 缺陷分析

检查后发现 B 相接线板螺钉松动，表面严重脏污，如图 3-2-6 所示，导致接触不良发热。

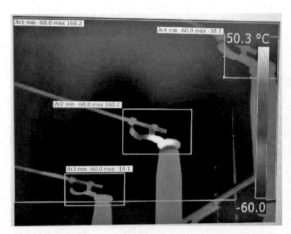

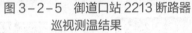

图 3-2-5　御道口站 2213 断路器　　　图 3-2-6　御道口站 2213 断路器 B 相
　　　　　巡视测温结果　　　　　　　　　　　接线板接触面严重脏污

3. 处理情况

2 月 7 日现场对 2213 断路器 B 相上接线板及螺钉进行了打磨紧固并进行清洁，发热缺陷处理完毕，2 月 8 日 9:35，2213 断路器恢复运行。

**案例 59　电压互感器电磁单元存在接地短路点导致过热**

1. 缺陷概况

2020 年 4 月 10 日，国网河南电力运维人员测温发现 500kV 洹安变电站 500kV 洹朝 I 线 A 相线路 CVT（生产厂家为桂林电力电容器厂，2006 年 6 月投运）发热异常，如图 3-2-7 所示，A 相电磁单元比 B、C 相高 20K，初步判断电磁单元内调谐元件绝缘损坏。4 月 10 日 23:22 申请 500kV 洹朝 I 线停运。

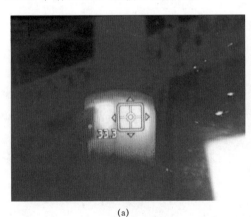

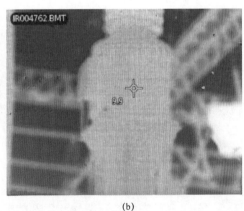

(a)　　　　　　　　　　　　　　　　(b)

图 3-2-7　现场 CVT 测温图谱

（a）A 相（33.3℃）；（b）B 相（9.9℃）

2. 缺陷分析

通过解体发现电磁单元中电压互感器二次绕组存在接地短路点，造成电磁单元过热。

3. 处理情况

4 月 10 日停运后，对 CVT 进行了更换处理，线路恢复正常运行。

## 案例 60　避雷器电容管固定螺钉松动导致过热

1. 缺陷概况

2020 年 4 月 3 日 21:16，国网宁夏电力运维人员在 750kV 六盘山变电站开展雪后巡视，红外测温发现 1 号变压器高压侧 B 相避雷器（生产厂家为抚顺电瓷制造有限公司，2018 年 1 月生产，2019 年 12 月投运）温度异常，B 相避雷器上一节存在两处发热点：一处为该节避雷器中部，最高温度为 6.8℃，比同相其他部位高 2.1K，比 A、C 相同部位高 2.3K。另一处为均压环与避雷器接触处 8.8℃，比 A、C 相相同部位高 3.3K，如图 3-2-8 所示。4 月 4 日 4:56，将 1 号变压器转检修。

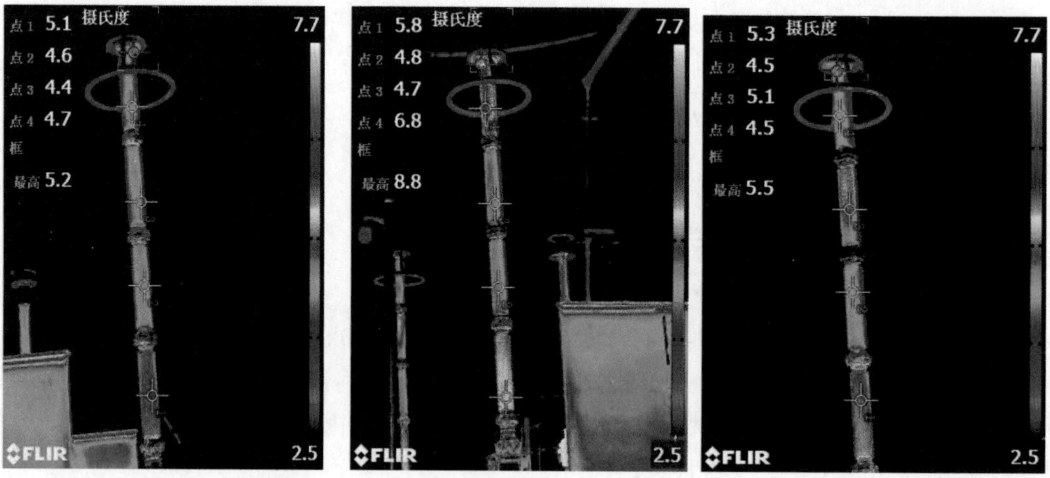


(a)　(b)　(c)

图 3-2-8　现场测温图谱

（a）A 相避雷器；（b）B 相避雷器；（c）C 相避雷器

2. 缺陷分析

经解体检查发现，由于固定不可靠，在运输过程中造成避雷器顶部电容器管的固定螺栓松动，从而导致电容量增长，投入运行在电压升高后存在稳定的连续性放电，造成温度升高。

3. 处理情况

4 月 4 日对避雷器进行了更换处理，4 月 5 日 12:51，三相避雷器更换后恢复 1 号变压器运行，复电后红外测温及带电测试正常。

## 案例 61　GIS 气室内异物遗留导致局部放电异常

1. 缺陷概况

2020 年 5 月 26 日，国网青海电力运维人员在新设备投运后开展带电检测，发现 750kV 塔拉变电站 75302 隔离开关（生产厂家为西安西电开关电气有限公司，2020 年 4 月新扩建）C 相靠近 750kV Ⅱ母侧第一个气室局部放电信号异常。5 月 25 日上午带电检测图谱如图 3-2-9

所示、5月25日下午局部放电检测图谱如图3-2-10所示、5月26日下午超声波局部放电检测图谱及局部放电异常点位置示意图如图3-2-11所示。5月27日申请停运。

(a)

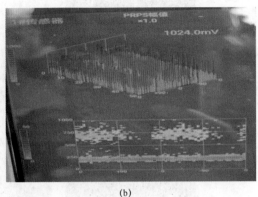

(b)

图3-2-9　5月25日上午带电检测图谱

(a) 超声波局部放电图谱；(b) 特高频局部放电图谱

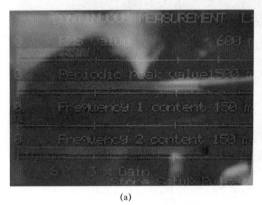

(a)

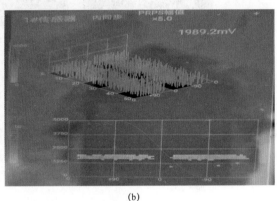

(b)

图3-2-10　5月25日下午局部放电检测图谱

(a) 超声波局部放电图谱；(b) 特高频局部放电图谱

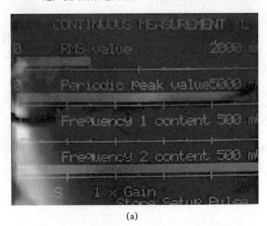

(a)

图3-2-11　5月26日下午超声波局部放电检测图谱及异常点位置示意图（一）

(a) 超声波局部放电检测图谱

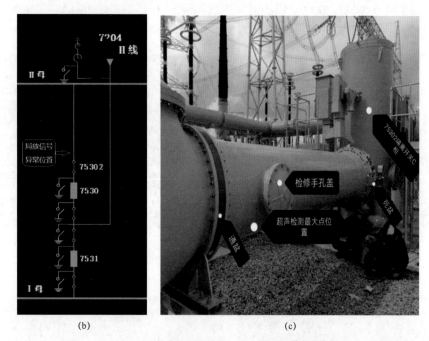

图 3-2-11　5 月 26 日下午超声波局部放电检测图谱及异常点位置示意图（二）

（b）局部放电异常点位置示意图；（c）异常点位置照片

**2．缺陷分析**

开盖检查发现母线筒体底部遗留 1 支手电筒，手电筒插头与筒体接触部位有烧蚀痕迹（直径 10mm、深度 1.5mm）。经讨论确认筒体烧蚀部位不影响运行，打磨处理后可恢复运行，如图 3-2-12 所示。

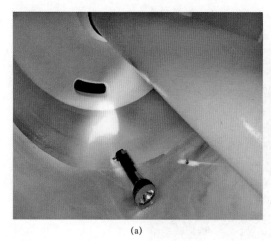
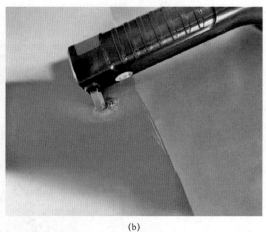

图 3-2-12　手电筒遗落位置

（a）手电筒遗留位置；（b）手电筒与筒体接触细节

3. 处理情况

5 月 29 日，青海 750kV 塔拉站完成了 75302 隔离开关 C 相与母线连接气室内的异物清理工作，经试验检测合格后，恢复 750kV Ⅱ 母线、塔加 Ⅱ 线运行。

**案例 62　隔离开关触头夹紧力不足导致发热**

1. 缺陷概况

2020 年 6 月 10 日，四川 500kV 蜀州变电站甘蜀 Ⅱ 线试运行期间，国网四川电力运维人员巡视发现 500kV 蜀州站 50622 隔离开关（生产厂家为瑞士 ABB 公司，2009 年 9 月投运）B 相触头发热为 417.5℃，A、C 相分别为 73.4℃ 和 66.8℃，红外图谱如图 3-2-13～图 3-2-15 所示。串补投运前隔离开关电流为 600A，串补投运后电流为 1800A。6 月 12 日 2:30，500kV Ⅱ 母转检修。

图 3-2-13　50622 隔离开关 A 相红外图谱

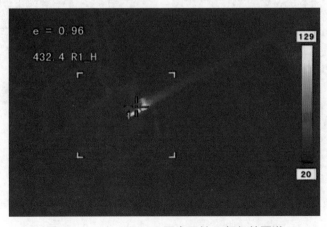

图 3-2-14　50622 隔离开关 B 相红外图谱

图 3-2-15  50622 隔离开关 C 相红外图谱

2. 缺陷分析

故障原因为该隔离开关触头夹紧力不足,在大电流情况下隔离开关接触面发热。

3. 处理情况

6 月 12 日 8:55 现场完成 50622 隔离开关 B 相隔离开关动触头更换和 A、C 相打磨处理,接触电阻试验合格后恢复 500kV Ⅱ 母运行。

**案例 63** **闭合环路产生环流导致发热**

1. 缺陷概况

2020 年 6 月 26 日,国网江苏电力运维人员红外测温发现 500kV 三汊湾变电站 2 号变压器(2020 年 4 月投运)35kV 侧出线双拼铜排抱夹严重发热(A 相 83.3℃、B 相 85.8℃、C 相 105.0℃),10:00 现场将 2 号变压器转检修进行抱夹消缺处置。红外图谱如图 3-2-16 所示,原铜排结构如图 3-2-17 所示,更换为导线如图 3-2-18 所示。

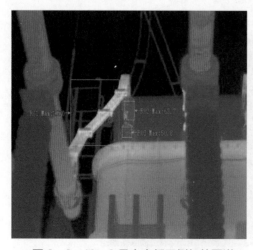

图 3-2-16  2 号主变低压侧红外图谱      图 3-2-17  2 号主变低压侧原铜排结构

图 3-2-18 2 号主变低压侧更换为导线

**2. 缺陷分析**

因低压侧三相铜排通流时产生的磁通正好穿过夹板、螺栓和金属垫片构成闭合环路产生环流，导致了铜排抱夹异常发热。

**3. 处理情况**

将 2 号变压器低压侧铜排更换为双拼 LGJ 1440 导线，经试验合格后，于 6 月 26 日 17:00 恢复正常运行。

### 案例 64 引流线线夹螺栓松动导致发热

**1. 缺陷概况**

2020 年 7 月 15 日，国网甘肃电力运维人员发现 750kV 白银变电站 75322 隔离开关 A 相引流线与 750kV Ⅱ 母线连接部位 T 形线夹发热为 68℃（B 相、C 相 T 形线夹部位温度均为 27.2℃，环境温度 20℃，负荷 712A），持续对 75322 隔离开关 A 相引流线 T 形线夹发热部位跟踪监视，8 月 6 日 6:00 发热点复测温度达 214℃，发热图谱如图 3-2-19 所示。无人机巡视发现 T 形线夹螺栓有松动痕迹（见图 3-2-20），接触面有缝隙（见图 3-2-21）。8 月 7 日 8:00 申请 750kV Ⅱ 母线开展 T 形线夹发热消缺工作。

**2. 缺陷分析**

结合无人机巡视发现的螺栓松动结果，判断该缺陷为风震引起引流线线夹螺栓松动导致线夹发热。

**3. 处理情况**

8 月 7 日将线夹普通螺栓更换为防松螺栓。17:31 完成消缺后复电。

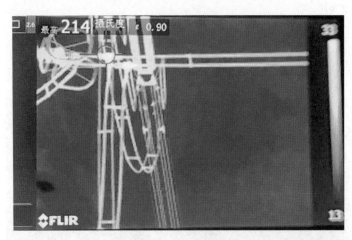

图 3-2-19　75322 隔离开关 A 相引流线 T 形线夹复测时发热图谱

图 3-2-20　T 形线夹紧固螺栓松动

图 3-2-21　T 形线夹与导线接触面存在缝隙

案例 65　末屏接地装置悬浮电位产生放电导致发热

1. 缺陷概况

2020 年 9 月 23 日,国网甘肃电力运维人员红外测温发现 750kV 白银变电站 750kV 白武 Ⅱ 线高抗(生产厂家为西安西电变压器有限责任公司,2009 年 1 月投运)B 相高压套管

（ABBGOE 型）末屏处异常发热（B 相为 60℃，A、C 相分别为 26.9℃和 30℃），套管末屏接地装置发热部位及现场测温图如图 3-2-22 所示。9 月 24 日 4:00，现场申请白武Ⅱ线停电消缺，检查发现末屏监测装置引线碳化。

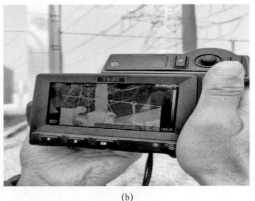

(a)　　　　　　　　　　　　　　　　　　　　(b)

图 3-2-22　套管末屏接地装置发热部位及现场测温图
（a）套管末屏接地装置发热部位；（b）现场测温图

2. 缺陷分析

末屏接地装置中长度调节杆固定螺栓松动，接地引出杆与外壳接触不良产生悬浮电位，接地杆在穿过线圈套处对外壳放电，温度异常升高，并造成外壳连接杆包覆绝缘材料全部烧损（部分残留在接地杆表面），拆解的末屏接地连杆放电过热痕迹如图 3-2-23 所示。

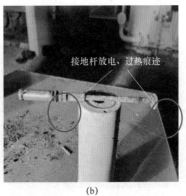

(a)　　　　　　　　　　　　　　　　　　　　(b)

图 3-2-23　拆解的末屏接地连杆放电过热痕迹
（a）放电部件；（b）放电过热痕迹

3. 处理情况

9 月 24 日，甘肃 750kV 白银变电站完成 750kV 白武Ⅱ线 B 相高抗高压套管末屏消缺工作，恢复运行。

**案例 66** **套管绝缘存在缺陷导致发热**

1. 缺陷概况

2019 年 2 月 22 日，国网安徽电力芜湖变电站运维人员进行红外测温时，发现 1000kV 湖泉 I 线出线套管（生产厂家为西安西电变压器有限责任公司，2018 年 4 月投运）C 相自下向上第 17 伞裙处存在发热现象（C 相 4℃，A、B 相分别为 2.0℃和 2.1℃），现场进行超声、局部放电检测，如图 3-2-24 和图 3-2-25 所示，未见异常信号，紫外检测正常，套管气室 $SF_6$ 组分分析存在 CO 气体。

图 3-2-24 现场超声检测

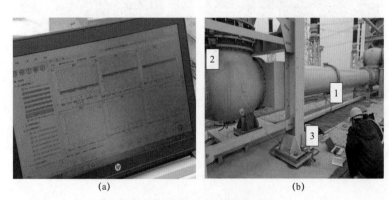

（a）　　　　　　　　　　　　　　　（b）

图 3-2-25 现场特高频检测

（a）特高频检测图谱；（b）现场特高频检测

2. 缺陷分析

分析异常发热原因为复合绝缘子环氧与硅橡胶结合界面存在缺陷，在高场强作用下产生泄漏电流，进一步在伞裙处产生发热现象，套管内部结构及发热点确认如图 3-2-26

所示。

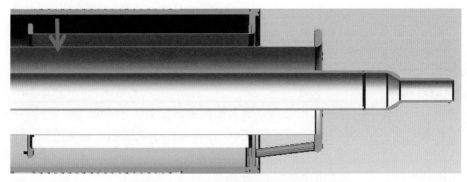

图 3-2-26　套管内部结构及发热点确认

3. 处理情况

3 月 12 日完成套管更换，现场交接试验后复测气体成分结果正常，3 月 15 日交付运行。

## 案例 67　套管电容芯体工艺不良阻塞油隙导致发热

1. 缺陷概况

2019 年 3 月 29 日 11:06，国网陕西电力运维人员测温发现 750kV 干县变电站 750kV 干凉Ⅱ线路高抗 C 相高压套管（生产厂家为德国 HSP 公司，2009 年 5 月投产）温升异常，套管本体下部三分之一处存在明显温度分界线，下部温度约高 2.5K。进行油色谱和微水试验发现该套管氢气、甲烷略高（122μL/L，其他相约为 40μL/L），现场红外测温图如图 3-2-27 所示，油中微水（12.9mg/L，其他相约为 0.1mg/L）含量较高，初步判断为套管内部受潮、局部过热，出现电压致热型设备缺陷。

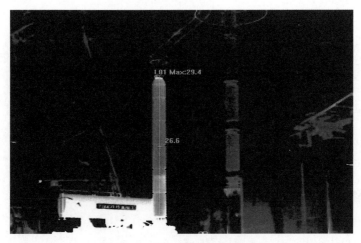

图 3-2-27　现场红外测温图

2. 缺陷分析

对 750kV 干县变电站 4 号高抗 C 相高压套管解体后发现电容芯体绕制工艺不良导致

油隙阻塞，散热不畅，因此引起套管下部的温升异常。

3．处理情况

利用备用套管对故障的套管进行了更换，设备恢复运行。

**案例 68** **主变绝缘隐患导致局部放电异常**

1．缺陷概况

2019 年 11 月 26 日，国网山东电力运维人员在泉城变电站 2 号变压器（生产厂家为山东电工电气有限公司，2016 年 7 月投运）GOE 型套管吊装检查后的局部放电试验中测量发现 C 相中压侧局部放电量严重超标（20 000pC），超声定位放电区域位于本体油箱中下部，放电波形和传感器位置如图 3-2-28 和图 3-2-29 所示。

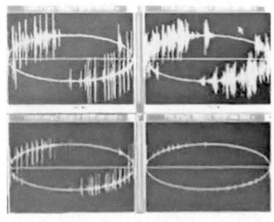

图 3-2-28　放电波形　　　　　　　　图 3-2-29　传感器位置

2．缺陷分析

1 月 29 日，对变压器内检未发现明显异常，进一步检查套管检修涉及的接线端子、出线装置等区域均正常，全面检视本次检修过程记录，开展试验数据趋势分析，均未发现异常。结合 C 相变压器自投运以来，2017 年 8 月乙炔突增至 7μL/L，并于 2018 年 3 月更换潜油泵并滤油；2018 年 7 月，乙炔再次由 0.4μL/L 增至 1.69μL/L 后逐步稳定的情况，判断原因为内部原有绝缘隐患在局部放电高电压下逐步暴露，导致变压器的局部放电异常现象。

3．处理情况

对泉城变电站 2 号变压器进行备用相更换，12 月 22 日恢复送电。

**案例 69** **引流线断股导致发热**

1．缺陷概况

2019 年 12 月 14 日，国网甘肃电力运维人员发现 750kV 白银变电站白黄Ⅰ线引线（JLHN58K-1600 型铝管支撑耐热扩径导线，两层铝绞线，共计 84 根，生产厂家为武汉电缆集团有限公司，2009 年投运）异常发热，用高倍望远镜观察导线发现该段引流线存在断股、散股现象。12 月 14 日测量引流线温度为 155℃，如图 3-2-30 所示，现场紧急申请停运处缺。检查发现 C 相引流线下部第一个间隔棒处断股 6 根、A 相引流线上部第一个间隔棒处断股 1 根、B 相 T 形线夹内有发热灼伤痕迹，断股照片如图 3-2-31 和图 3-2-32 所示。

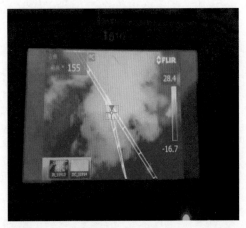

图 3-2-30 75421 隔离开关引流线 C 相发热图谱

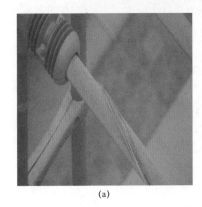
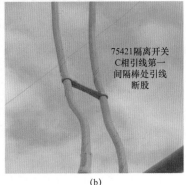

(a)　　　　　　　　　　　　(b)

图 3-2-31 75421 隔离开关引流线 C 相断股照片

（a）断股照片；（b）现场断股位置

图 3-2-32 75421 隔离开关 C 相引线断股照片

2. 缺陷分析

初步分析断股原因为导线压接和安装工艺不规范造成导线损伤，长期运行在风摆作用下造成断股，导线断股导致 750kV 白银变电站白黄Ⅰ线引线发热异常。

3. 处理情况

现场对断裂的导线进行氩弧焊焊接后打磨修复，焊接完成后又经铝包带缠绕包覆处理对导线进行保护。更换间隔棒并按照对称紧固原则上紧间隔棒螺栓（标准力矩：95N·m），完成间隔内全部间隔棒检查。12 月 14 日 20:02 恢复正常运行方式，红外复测正常。

### 案例 70 套管导电杆铜铝过渡部位载流容量不足导致发热

1. 缺陷概况

2018 年 4 月 27 日，国网陕西电力运维人员在德宝直流宝鸡换流站红外测温时发现极 1 平波电抗器极母线侧套管（生产厂家为德国 HSP 公司，2012 年更换为充 $SF_6$ 气体式套管）的温度和压力明显高于极 2，分别高 11.7℃、0.2bar。现场申请德宝直流极 1 于 4 月 29 日停运。

2. 缺陷分析

套管导电杆铜铝过渡部位载流容量不足发生电流致热型过热。

3. 处理情况

5 月 1 日完成该套管更换，并结合年度停电检修工作，逐步对相关套管进行了更换改造，增加了套管导电杆铜铝过渡部位的有效载流面积。

### 案例 71 换流变年检工艺不当导致局部放电、油色谱异常

1. 缺陷概况

2018 年 4 月 10 日江城直流完成设备年检后恢复运行。4 月 14 日，国网湖南电力在对鹅城变电站换流变进行油色谱跟踪检测时，发现 P1-Y/Y-C、P1-Y/D-B、P2-Y/D-A、P2-Y/D-B 和 P2-Y/D-C 五台换流变（生产厂家为瑞士 ABB 公司，2004 年 6 月投运）油中氢气含量数据异常，且在 P1-Y/Y-C、P2-Y/D-B 套管升高座底部检测到超声局部放电信号。鉴于情况紧急，4 月 21 日 11:27，现场申请鹅城变电站双极停运避险。

2. 缺陷分析

现场对年检过程所开展的工作进行了细致的排查和分析，因为该换流变网侧套管布置结构与常规变压器套管不同，网侧套管下瓷套长度与升高座尺寸相近，当排油至箱顶下部时，套管尾端的均压球及引出线包扎的纸绝缘会完全露空。而常规变压器套管因其下瓷套伸入油箱内部较低位置，排油至相同高度时不会导致均压球及引出线露空。本次年检工作按传统常规工艺对换流变进行排注油，对套管尾端纸绝缘中残留气泡或潮气未通过抽真空、热油循环等手段消除，导致投运后出现产氢和局部放电异常等情况。

3. 处理情况

4 月 21 日至 28 日，对五台氢气含量异常的换流变进行了排油、抽真空、全真空注油、

热油循环、静置处理等工作。试验合格后，4 月 28 日双极投运。

**案例 72　高抗套管均压环支撑条脱落导致振动异响**

1. 缺陷概况

2018 年 6 月 8 日，国网上海电力运维人员在对 1000kV 安塘Ⅰ线巡视时发现高抗（生产厂家为保定天威集团有限公司，2013 年投运）A 相套管（生产厂家为意大利 PV 公司）上方有间歇性异响，持续时间为几秒至 0.5min，间隔时间在 5 至 15min 之间。使用声学照相机定位发现，异响声源在套管上方均压环中部。6 月 16 日，申请 1000kV 安塘Ⅰ线高抗 A 相停运，现场测温如图 3-2-33 和图 3-2-34 所示。

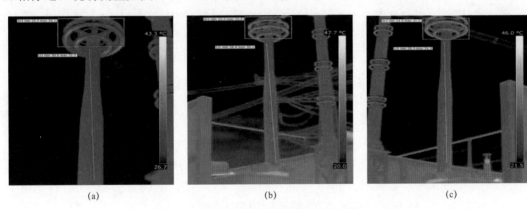

图 3-2-33　无异响时电抗器红外测温结果
(a) A 相（Ar1:39.1　Li1:31.5）；(b) B 相（Ar1:35.9　Li1:30.1）；(c) C 相（Ar1:37.5　Li1:31.3）

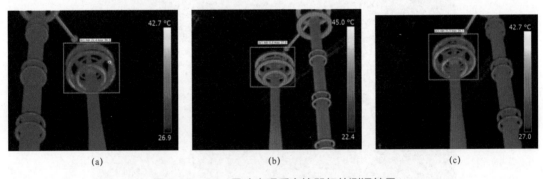

图 3-2-34　异响出现后电抗器红外测温结果
(a) A 相（Ar1:39.3）；(b) B 相（Ar1:37.6）；(c) C 相（Ar1:39.3）

2. 缺陷分析

检查拆下的均压环，发现最下方的一圈均压环（第 4 圈）中有一条约 22cm 长的支撑条脱落，另外 3 圈均压环有焊渣等异物。分析认为因均压环焊接质量较差，造成内部支撑条脱落，与运行设备产生共振声响。

3. 处理情况

6 月 17 日更换异常均压环投运后异响消失。

### 案例 73 直流穿墙套管铜质软连接与固定螺栓接通导致发热

1. 缺陷概况

2018 年 7 月 4 日，国网浙江电力运维人员在绍兴变电站红外测温时发现极 1 低端换流器 400kV 直流穿墙套管（生产厂家为瑞士 ABB 公司，2016 年 8 月投运）接头处发热异常（最高温度达 90℃，正常温度为 42℃，最高允许运行温度为 105℃）。7 月 6 日，申请极 1 低端停运进行处理。

2. 缺陷分析

检查发现套管上方一根铜质软连接弧垂向下与接线端子不锈钢螺栓接触。经分析发热原因为铜制软连接受热膨胀，鼓起变形，与固定螺栓直接接触，一部分电流通过螺栓分流导致套管接头处发热。

3. 处理情况

7 月 6 日 21:37，现场用备品将其更换后，恢复极 1 低端运行。

### 案例 74 套管导电密封头与压盖间隙控制不良导致发热

1. 缺陷概况

2018 年 12 月 21 日 0:50，1000kV 锡廊 I 线廊坊侧线路高抗 A 相中性点套管（生产厂家为西安西电变压器有限公司，2016 年 7 月投运）接头处发热（温度为 99℃，停运值为 80℃），如图 3-2-35 所示，现场申请锡廊 I 线停运处理。

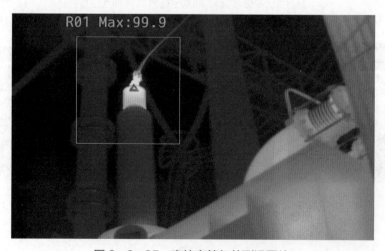

图 3-2-35　高抗套管红外测温图片

2. 缺陷分析

由于现场安装套管时人员操作不标准，导电密封头与压盖之间的间隙控制不到位，导致定位销受力未达到要求，在电抗器运行过程中振动，定位销松动，引起导电密封头与引线接头之间螺纹接触不良，接触电阻增大，运行时发热；同时定位销松动后与密封压板之间有间隙，运行过程中的振动会造成定位销悬浮，使之与密封压板之间产生放电。

导致套管连接头处发热。套管顶部引线接头发热处如图3-2-36所示，套管顶部密封压板如图3-2-37所示，套管定位销如图3-2-38所示。

(a)

(b)

图3-2-36　套管顶部引线接头发热处

（a）套管顶部引线接头发热处1；（b）套管顶部引线接头发热处2

图3-2-37　套管顶部密封压板

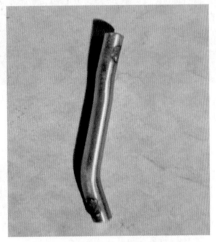

图3-2-38　套管定位销

3. 处理情况

现场对定位销及导电密封头下部的密封橡皮垫圈更换并重新安装后，于12月22日5:18恢复1000kV锡廊Ⅰ线运行。

**案例75　母线筒内导体对筒体异常放电导致分解物异常**

1. 缺陷概况

2017年3月16日13:48，国网青海电力750kV官亭变电站750kV官东二线跳闸，重

图 3-2-39 超声信号最大点位置指示图

合成功。检查发现 750kV 官东二线 GIS（生产厂家为河南平高电气股份有限公司，2010年 1 月 29 日投产）A 相出线分支母线筒气室分解物超标（二氧化硫 5.4ppm，硫化氢0.2ppm），同时超声波带电检测发现该气室有 1 处疑似异常部位，超声信号最大点位置指示图如图 3-2-39 所示、超声波检测飞行图谱如图 3-2-40 所示、超声波检测相位图谱如图 3-2-41 所示。23:00，现场申请将官东二线停运检查。

图 3-2-40 超声波检测飞行图谱

图 3-2-41 超声波检测相位图谱

2. 缺陷分析

第四节分支母线筒内部导体对筒体间隙击穿放电。放电部位位于第四节母线筒检修手孔盖处，筒体内部附着有粉尘，放电部位导体和筒体上均有烧灼痕迹，其中筒体底部存在直径 3~3.5cm、深度 4~4.5mm 类圆形烧灼痕迹，同时残留有金属烧灼熔渣，判断分析本次放电是筒体内部存在异物所引发，导致筒体气室分解物超标。

3. 处理情况

3 月 16 日同步开展隔离开关的故障抢修更换工作，10 月 23 日恢复送电。

## 案例 76 电压互感器二次绕组接地短路造成电磁单元过热损坏

1. 缺陷概况

2020 年 4 月 10 日 20:25 500kV 洹安变电站洹朝Ⅰ线 TV 断线告警，朝歌侧无异常信号。红外测温发现 A 相电压互感器电磁单元较 BC 相温度高约 20℃，判断为电压互感器本体故障。停电后试验发现洹朝Ⅰ线 A 相电压互感器变比异常，无法继续运行，现场解体照片如图 3-2-42 所示。

图3-2-42　现场解体照片

（a）电压互感器电磁单元整体；（b）放油后油箱底部；（c）电磁单元调谐元件；（d）电磁单元电压互感器；
（e）电磁单元电压互感器解体；（f）电压互感器二次接线盒故障点

2. 缺陷分析

通过解体发现电压互感器二次绕组存在接地短路点，造成电磁单元过热损坏。由于二次接线盒中出现接地短路造成电磁单元过热，导致绝缘油分解，产生大量烃类气体，形成油中气泡；电磁单元上包覆的绝缘纸在高温下碳化分解，发出刺鼻的气味；电磁单元上浸渍的绝缘胶，在高温下从电磁单元中溢出，混入绝缘油中造成绝缘油浑浊，在静置条件下形成油箱底部沉淀。解体发现电磁单元油箱中绝缘油出现浑浊，并有大量气泡，伴有刺鼻性气味，与电磁单元的过热性故障现象一致。

3. 处理情况

4月11日20时47分A相电压互感器更换后，恢复送电。

# 第三节　在线监测管理规定及发现的缺陷

## 一、在线监测运维管理规定

《国家电网公司变电运维管理规定》第十五章中关于变电运维专业在线监测的相关管理规定，强调在传统运维方式的基础上，综合在线监测等手段，加强关键环节技术监督和质量管控，及时掌握设备运行状况，尤其是要密切监视特高压变压器（高抗）轻瓦斯积气、油色谱数据变化等关键信息，强化运行设备状态研判，坚持设备状态参数每日数据对比、每周趋势分析，全面落实特高压设备运维保障措施。

（一）在线监测装置管理要求

（1）在线监测设备等同于主设备进行定期巡视、检查。

（2）在线监测装置告警值的设定由各级运检部门和使用单位根据技术标准或设备说明书组织实施，告警值的设定和修改应记录在案。

（3）在线监测装置不得随意退出运行。

（4）在线监测装置不能正常工作，确需退出运行时，应经运维单位运检部审批并记录后方可退出运行。

（二）在线监测装置巡视要求

（1）检查检测单元的外观应无锈蚀、密封良好、连接紧固。

（2）检查电（光）缆的连接无松动和断裂。

（3）检查油气管路接口应无渗漏。

（4）检查就地显示面板应显示正常。

（5）检查数据通信情况应正常。

（6）检查主站计算机运行应正常。

（7）检查监测数据是否在正常范围内，如有异常应及时汇报。

（三）在线监测装置维护要求

（1）各类在线监测装置具体维护项目及要求按照厂家说明书执行。

（2）运维人员定期对在线监测装置主机和终端设备外观清扫后，检查电（光）缆连接正常，接地引线、屏蔽牢固。

（3）被监测设备检修时，应对在线监测装置进行必要的维护。

## 二、在线监测发现的缺陷

**案例 77　高抗地屏铜带形成褶皱产生局部放电，油色谱在线监测报警**

1. 缺陷概况

2020 年 2 月 26 日 9:00，浙江特高压安吉变电站油色谱在线监测发现 1000kV 安兰Ⅰ线 B 相高抗（生产厂家为特变电工衡阳变压器有限公司，2014 年 12 月投运）乙炔报警，含量突增至 4.28μL/L（此前稳定在 1.7μL/L），设备部组织国网浙江电力立即开展带电检测和诊断分析，加装综合监护装置，持续跟踪监测，发现乙炔呈快速增长趋势，27～29 日分别达到 5.92、7.04μL/L 和 12.4μL/L，按照"乙炔累计含量达到 10μL/L、连续 2 天日增长量大于 2.5μL/L"停运控制条件，2 月 29 日 22:12，现场申请 1000kV 安兰Ⅰ线停运。高抗解体情况如图 3-3-1 所示。

(a)

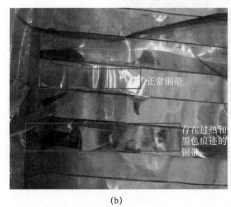

(b)

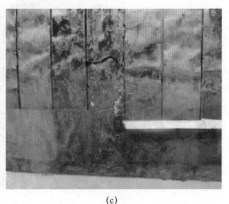

(c)

图 3-3-1　高抗解体情况

（a）解体照片；（b）正常铜带和过热铜带对比图；（c）局部放电产生的放电痕迹

2. 缺陷分析

通过返厂解体综合判断，乙炔异常是由于高抗地屏铜带制造工艺不良形成褶皱产生局部放电，地屏铜带受电、热和机械应力等综合作用断裂造成乙炔等特征气体快速增长。

3. 处理情况

4月1日，浙江特高压安吉变电站完成 1000kV 安兰 I 线 B 相高抗更换工作后，恢复运行。

**案例 78** 隔离开关气室漏气，SF₆压力低报警

1. 缺陷概况

2020 年 3 月 1 日 0:48，国网吉林电力 500kV 茂胜变电站 500kV 胜丰 2 号线 50531 隔离开关气室（生产厂家为西安西电开关电气有限公司，2018 年 12 月投运）发出"SF₆压力低"告警信号。现场检查 50531 B 相隔离开关压力为 0.35MPa（额定压力 0.4MPa，告警压力 0.35MPa），该隔离开关气室有明显漏气声，其他气室正常。04:07，按网调令拉开 5053 和 5052 断路器，将胜丰 2 号线转检修处理。50531 B 相漏气点如图 3－3－2 所示。

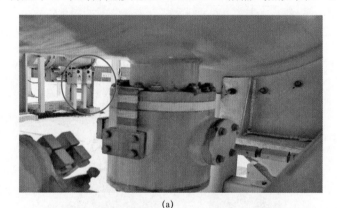

(a)

(b)

图 3－3－2　50531 B 相漏气点

（a）漏气点；（b）漏气点所在位置

2. 缺陷分析

初步判断 505317B 相接地开关（与 50531B 相隔离开关同气室）机构连接处上部法兰连接螺栓处漏气造成 50531B 相隔离开关气室压力低报警。

3. 处理情况

3 月 12 日，完成了 500kV 胜丰 2 号线 505317B 相接地开关机构的更换，同时对胜丰 2 号线停电间隔范围内的 8 个同结构接地开关机构进行了检查处理，各项试验合格。18:25，500kV 胜丰 2 号线恢复送电。

### 案例 79  高抗地屏铜带过热，油色谱在线监测报警

1. 缺陷概况

2020 年 5 月 1 日，浙江特高压安吉变电站 1000kV 安塘Ⅱ线 B 相高抗（生产厂家为特变电工衡阳变压器有限公司，2013 年 9 月投运）在线油色谱告警，乙炔值由 0 突增至 2.7μL/L，总烃由 37.6μL/L 增长至 136.8μL/L。离线油色谱乙炔为 7.1μL/L，总烃为 484.7μL/L。浙江公司组织进行专业分析，综合离线、在线油色谱检测数据及发展趋势，判断高抗内部存在严重的高温过热缺陷，11:26 现场申请紧急拉停。12:30，将安塘Ⅱ线转检修。

2. 缺陷分析

解体检查发现 A 柱、X 柱地屏中部部分铜带存在明显过热痕迹，分析认为此台产品 X 柱铜带第 40 片和 41 片铜带局部间隙过小，在铜带起皱放电和运行振动共同作用下发生片间短路，短路造成高温过热。

3. 处理情况

利用锡盟变电站备用相和原湖安Ⅱ线 A 相高抗，对安塘Ⅱ线 B 相、C 相高抗进行更换，6 月 14 日 20:40，特高压安吉站 1000kV 安塘Ⅱ线 B、C 相高抗更换完毕，线路及高抗恢复运行。

### 案例 80  变压器绝缘件存在质量缺陷引发局部放电，油色谱在线监测报警

1. 缺陷概况

2020 年 6 月 9 日 21:42，山东昌乐变电站 4 号变压器（生产厂家为山东电工电气集团有限公司，2017 年 8 月投运）完成本体应急排油改造、更换电容型隔直装置后恢复送电。22:53，C 相油色谱在线监测乙炔含量由 2.2μL/L 突增至 5.1μL/L；23:08，现场申请 4 号变压器停运，并连续开展两次离线油色谱监测，乙炔含量分别为 4.69μL/L 和 4.32μL/L，初步判断变压器内部存在放电异常。

2. 缺陷分析

对变压器进行了解体分析，从铁轭垫板（承压纸板）内部爬电情况分析，异常原因为绝缘件存在质量缺陷引发局部放电，由于该区域场强较低，局部放电在运行电压下持续发展，放电痕迹如图 3-3-3 和图 3-3-4 所示。同时，变压器在直流偏磁运行条件下振动

增大，铁轭垫板内部气体逸出，导致本体油中乙炔含量呈现间歇性增长。

(a)　　　　　　　　　　(b)

图 3-3-3　解体发现铁轭垫板及铁轭地屏放电痕迹

（a）铁轭垫板放电痕迹；（b）铁轭地屏放电痕迹

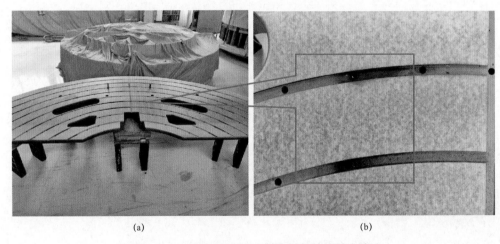

(a)　　　　　　　　　　(b)

图 3-3-4　整圆压板和半圆形铁轭垫板放电痕迹

（a）整圆压板放电痕迹；（b）半圆形铁轭垫板

3. 处理情况

6 月 14 日，利用备用相完成对 C 相更换。试验合格后，7 月 5 日具备复电条件。

**案例 81**　**变压器磁分路表面不平整且存在毛刺致局部过热，油色谱在线监测报警**

1. 缺陷概况

2020 年 6 月以来，1000kV 邢台变电站台泉Ⅰ线高抗 B 相（生产厂家为西安西电变压器有限公司，2017 年 8 月投运）甲烷、总烃含量持续增长（7 月达 213.62、233.54μL/L），且存在 0.4μL/L 乙炔，由于甲烷占比异常偏高（90% 以上），判断内部存在局部放电和过热，怀疑绕组存在绝缘缺陷；A 相含微量乙炔 0.24μL/L，为避免雨季时雷电冲击造成股间短路故障，7 月 11 日停运台泉 I 线进行检修。

2. 缺陷分析

根据油色谱情况及现场解体情况分析，本台高抗为低温过热缺陷（温度低于 300℃），缺陷原因为磁分路制造安装过程中，由于工艺控制不良造成磁分路表面不平整且存在毛刺，磁分路表面没有油道散热不畅，引起局部过热。

3. 处理情况

对 1000kV 邢台变电站台泉 I 线高抗 A 相进行内检，B 相更换备用相。

## 案例 82　高抗压块松动致绝缘破坏引发放电，油色谱在线监测报警

1. 缺陷概况

2019 年 11 月 5 日，国网陕西电力 750kV 乾县变电站 7101 干泾 I 线 A 相高抗（生产厂家为特变电工沈阳变压器集团有限公司，2019 年 5 月 23 日投运）油色谱在线监测装置测量乙炔含量为 0.6μL/L，后续持续跟踪乙炔含量，每日开展油色谱带电检测，发现乙炔产气速率有增长趋势（11 月 24 日离线检测乙炔含量 2.92μL/L，产气速率为 2.73mL/d），11 月 24 日 17:58，7101 干泾 I 线紧急停运消缺。

2. 缺陷分析

11 月 28 日进箱检查发现 2 个位于图中铁轭右侧压钉下压块松动；平衡绕组引线与松动压钉螺母有放电痕迹。分析认为铁轭右侧压块松动导致电抗器振动加剧，同时压钉螺母与平衡绕组引线安装距离过近，互相挤压，在长期振动下引线绝缘发生了破坏，导致发生放电，放电痕迹如图 3-3-5 所示。

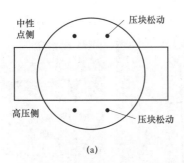
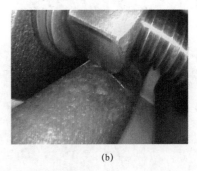

(a)　　　　　　　　　　(b)

图 3-3-5　高抗内部解体放电痕迹

（a）压块松动示意图；（b）内部放电痕迹

3. 处理情况

针对压钉松动的压块进行了重新压紧，针对平衡绕组引线进行了重新整理，12 月 14 日内检消缺后恢复正常运行。

**案例 83　高中压串联绕组纵绝缘放电，油色谱在线监测报警**

1. 缺陷概况

2019 年 12 月 1 日，上海特高压练塘变电站 4 号变压器（生产厂家为山东电工电气集团有限公司，2013 年 9 月投运）在复役送电操作过程中，A 相（变压器未带电）油色谱在线监测装置乙炔含量告警，离线油色谱分析显示乙炔含量 6.6μL/L。12 月 6 日，该变压器转检修。

2. 缺陷分析

变压器复测中压侧局部放电量高达 150 000pC，如图 3-3-6 所示，超声定位区域如图 3-3-7 所示，试验后乙炔含量高达 126.2μL/L。解体发现变压器值班与撑条层表面存在多处放电痕迹，如图 3-3-8 所示，分析故障原因为纸板因干燥工艺不当形成绝缘薄弱区域，储油柜、器身内细小颗粒物造成缺陷加重，引发放电，导致油色谱在线监测乙炔含量超标。

图 3-3-6　局部放电试验波形

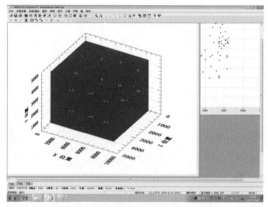

图 3-3-7　超声定位区域

(a)

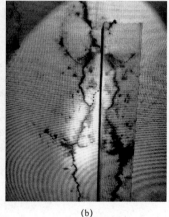

(b)

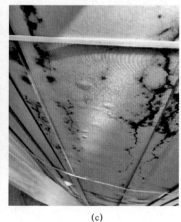

(c)

图 3-3-8　第 8 层围屏纸板放电痕迹

（a）放电痕迹 1；（b）放电痕迹 2；（c）放电痕迹 3

3. 处理情况

12月9日12:00，利用备用相进行更换，12月30日恢复送电。

**案例 84** **避雷器电容器螺栓松动脱落导致放电，阻性电流在线监测超标**

1. 缺陷概况

2019年12月30日2:47，国网新疆电力巡视人员发现750kV和车Ⅰ线（和田—莎车）和田变电站侧A相避雷器（生产厂家为抚瓷抚顺电瓷制造有限公司，2019年6月投运）阻性电流超标，实测值为5.8mA，注意值为4.5mA。进一步带电检测发现A相避雷器自上向下第二节本体异常发热，最热点位于第二节上法兰铁磁结合部位，比B、C相相同位置高2.5K，现场申请停运处理。

2. 缺陷分析

通过解体分析判断，下2节避雷器绝缘桶存在大面积放电痕迹，如图3-3-9所示，电容管掉落（该节避雷器仅1节电容管），上下部固定螺栓松脱，电容管存在严重放电痕迹。本次避雷器故障主要由于电容管上下固定螺栓不可靠，避雷器在运输过程中造成电容器管的固定螺栓松动，从而导致电容器管的松动或脱落，电容管上臂固定螺栓缺失如图3-3-10所示，电容管与阀片之间存在明显放电痕迹如图3-3-11所示，其电容量增长，投入运行后在电压升高后存在稳定的连续性放电，造成温度升高。

图3-3-9 避雷器绝缘桶存在放电灼烧痕迹

图3-3-10 电容管上臂固定螺栓缺失

（a）　　　　　　　　　　（b）

图 3－3－11　电容管与阀片之间存在明显放电痕迹

（a）放电痕迹 1；（b）放电痕迹 2

3. 处理情况

现场对和车一线 A 相避雷器进行了整体更换，更换后交接试验数据合格，投入运行后运行正常，阻性电流及红外精确测温结果未见异常，于 12 月 30 日 16:48 恢复正常运行。

# 第四章

# 现场安全管理规定及管理问题案例

培训目标：通过学习本章内容，学员可以了解由于现场安全管控工作未能严格落实造成的电网、设备、人身事故，对于现场安全管控工作提出明确要求，提高运维人员现场工作管理、沟通协调能力。

## 第一节　工作票和操作票管理规定及管理问题

### 一、工作票和操作票管理规定

#### （一）工作票管理规定

（1）在电气设备上的工作，应填用工作票或事故紧急抢修单。（Q/GDW 1799.1—2013《国家电网公司电力安全工作规程　变电部分》6.3.1）

（2）运维人员实施不需高压设备停电或做安全措施的变电运维一体化业务项目时，可不使用工作票，但应以书面形式记录相应的操作和工作等内容；各单位应明确发布所实施的变电运维一体化业务项目及所采取的书面记录形式。（Q/GDW 1799.1—2013《国家电网公司电力安全工作规程　变电部分》6.3.6）

（3）工作负责人安全职责：正确组织工作；检查工作票所列安全措施是否正确完备，是否符合现场实际条件，必要时予以补充完善；工作前，对工作班成员进行工作任务、安全措施、技术措施交底和危险点告知，并确认每个工作班成员都已签名；严格执行工作票所列安全措施；监督工作班成员遵守安规规定，正确使用劳动防护用品和安全工器具以及执行现场安全措施；关注工作班成员身体状况和精神状态是否出现异常迹象，人员变动是否合适。（Q/GDW 1799.1—2013《国家电网公司电力安全工作规程　变电部分》6.3.11.2）

（4）工作许可人安全职责：负责审查工作票所列安全措施是否正确、完备，是否符合现场条件；工作现场布置的安全措施是否完善，必要时予以补充；负责检查检修设备有无突然来电的危险；对工作票所列内容即使发生很小疑问，也应向工作票签发人询问清楚，必要时应要求作详细补充。（Q/GDW 1799.1—2013《国家电网公司电力安全工作规程　变电部分》6.3.11.3）

（5）工作许可人在完成施工现场的安全措施后，还应完成以下手续，工作班方可开始工作：会同工作负责人到现场再次检查所做的安全措施，对具体的设备指明实际的隔离措施，证明检修设备确无电压。对工作负责人指明带电设备的位置和注意事项。和工作负责人在工作票上分别确认、签名。（Q/GDW 1799.1—2013《国家电网公司电力安全工作规程　变电部分》6.4.1）

（6）运维人员不得变更有关检修设备的运行接线方式。工作负责人、工作许可人任何一方不得擅自变更安全措施，工作中如有特殊情况需要变更时，应先取得对方的同意并及时恢复。变更情况及时记录在值班日志内。（Q/GDW 1799.1—2013《国家电网公司电力安全工作规程　变电部分》6.4.2）

（7）工作许可手续完成后，工作负责人、专责监护人应向工作班成员交待工作内容、人员分工、带电部位和现场安全措施，进行危险点告知，并履行确认手续，工作班方可开始工作。工作负责人、专责监护人应始终在工作现场，对工作班人员的安全认真监护，及时纠正不安全的行为。（Q/GDW 1799.1—2013《国家电网公司电力安全工作规程　变电部分》6.5.1）

（8）工作票应遵循 Q/GDW 1799.1—2013《国家电网公司电力安全工作规程　变电部分》中的有关规定，填写应符合规范。（《国家电网公司变电运维管理规定》第六十八条）

（9）运维班每天应检查当日全部已执行的工作票。每月初汇总分析工作票的执行情况，做好统计分析记录，并报主管单位。（《国家电网公司变电运维管理规定》第六十九条）

（10）工作票应按月装订并及时进行三级审核，保存期为 1 年。（《国家电网公司变电运维管理规定》第七十条）

（11）运维专职安全管理人员每月至少应对已执行工作票的不少于30%进行抽查。对不合格的工作票，提出改进意见，并签名。（《国家电网公司变电运维管理规定》第七十一条）

（12）变电工作票、事故紧急抢修单，一份由运维班保存，另一份由工作负责人交回签发单位保存。（《国家电网公司变电运维管理规定》第七十二条）

（13）二次工作安全措施票由二次专业班组自行保存。（《国家电网公司变电运维管理规定》第七十三条）

（二）操作票相关管理规定

（1）电气设备的倒闸操作应严格遵守安规、调规、现场运行规程和本单位的补充规定等要求进行。（《国家电网公司变电运维管理规定》六十六条）

（2）倒闸操作应有值班调控人员或运维负责人正式发布的指令，并使用经事先审核合格的操作票，按操作票填写顺序逐项操作。（《国家电网公司变电运维管理规定》第六十六条）

（3）倒闸操作过程若因故中断，在恢复操作时运维人员应重新进行核对（核对设备名称、编号、实际位置）工作，确认操作设备、操作步骤正确无误。（《国家电网公司变电运维管理规定》第六十六条）

## 二、工作票和操作票管理存在的问题

### 案例 85　工作票安全措施不完善且未严格执行造成人员触电

1. 事故经过

××日 9:10，运行人员许可了变电工区综合检修第一种工作票，工作内容为设备预试、喷漆、清扫、仪表校验、开关机构检查。10:20，正在 35kVⅡ段电压互感器吊线串上清扫的带电班王××突然触电，由吊线串上坠落（约 8m 高），被安全带保险绳悬挂在空中（约 6m 高）。经检查，工作票上未要求拉开 35kVⅡ段电压互感器隔离开关，运行人员未拉开；工作票上显示已断开的电压互感器二次保险也未断开；仪表班校验 2 号变压器 35kV 有功表时（已拆除的电压互感器二次线未包扎），试验电源线与电压互感器二次线瞬间接触，导致试验电源串入电压互感器二次回路瞬间反送电。

2. 存在问题

（1）未严格执行工作票上所列安全措施。工作许可人未按工作票要求的安全措施断开电压互感器二次熔断器，仪表校验时二次反供电。违反 Q/GDW 1799.1—2013《国家电网公司电力安全工作规程　变电部分》7.2.2"检修设备停电，应把各方面的电源完全断开（任何运行中的星形接线设备的中性点，应视为带电设备）。"

（2）工作票上所列措施不完善，仪表校验时未采取有效措施，二次反供电。工作票签发人、工作负责人填写和签发的工作票停电措施不完备（应拉开 35kVⅡ段电压互感器隔离开关）。违反 Q/GDW 1799.1—2013《国家电网公司电力安全工作规程　变电部分》6.3.11.1"工作票签发人：b）确认工作票上所填安全措施是否正确完备"；6.3.11.2"工作负责人（监护人）：b）检查工作票所列安全措施是否正确完备，是否符合现场实际条件，必要时予以补充完善"的规定。违反 Q/GDW 1799.1—2013《国家电网公司电力安全工作规程　变电部分》13.15"电压互感器的二次回路通电试验时，为防止由二次侧向一次侧反充电，除应将二次回路断开之外还应取下电压互感器高压熔断器或断开电压互感器一次隔离开关"的规定。

（3）许可工作时，工作许可人、工作负责人未对所做安全措施进行检查。违反 Q/GDW 1799.1—2013《国家电网公司电力安全工作规程　变电部分》6.3.11.3"工作许可人：a）负责审查工作票所列安全措施是否正确、完备，是否符合现场条件；"6.4.1.1"会同工作负责人到现场再次检查所做的安全措施，对具体的设备指明实际的隔离措施，证明检修设备确无电压；"的规定。

### 案例 86　未按操作票拆除接地线，合手车开关

1. 事故经过

××日，××公司 110kV××变电站进行综合自动化改造，1 号主变及三侧断路器处

于检修状态，2 号主变运行，10kV 母联 100 断路器、35kV 母联 300 断路器运行，10kV Ⅰ 段母线电压互感器处于检修状态。微机防误系统故障退出运行。

14 时 28 分，变电运维人员依据调令将 10kV Ⅰ 段母线电压互感器由检修转为运行，在操作过程中，监护人夏××用万能钥匙解锁操作，在未拆除 1015 手车隔离开关后柜与 Ⅰ 段母线电压互感器之间接地线情况下，合上 1015 手车隔离开关，2 号主变高压侧复合电压闭锁过流Ⅱ段后备保护动作，三侧断路器跳闸，35kV 和 10kV 母线停电，10kV Ⅰ 段母线电压互感器开关柜及两侧的 152 和 154 开关柜受损。事故损失负荷 33MW。

2. 存在问题

操作人员违反倒闸操作规定，不按照操作票规定的步骤逐项操作，漏拆接地线。违反 Q/GDW 1799.1—2013《国家电网公司电力安全工作规程　变电部分》5.3.6.2 "操作过程中应按操作票填写的顺序逐项操作。每操作完一步，应检查无误后作一个 '√' 记号，全部操作完毕后进行复查" 的规定。

### 案例 87 无票操作，误合接地开关

1. 事故经过

××变电站进行无人值班综合自动化设备改造及设备综合治理消缺工作。当日除 35kV××线隔离开关线路侧、10kV××线隔离开关线路侧带电外，站内其他设备均停电。18 时 30 分，变电站工作全部结束，设备具备带电条件。在执行拆除 3518××线路接地调令时，操作人和监护人未拿填写好的操作票去户外操作，两人走到 35kV××线隔离开关处，未认真核对设备名称、编号、位置和拉合方向，操作人误合 351267××线接地开关（隔离开关闭锁因故退出运行），造成三相短路，35kV××线跳闸。

2. 存在问题

操作人和监护人无票操作，走错间隔，操作前不核对设备名称、编号和位置。违反 Q/GDW 1799.1—2013《国家电网公司电力安全工作规程　变电部分》5.3.6.2 "现场开始操作前，应先在模拟图（或微机防误装置、微机监控装置）上进行核对性模拟预演，无误后，再进行操作。操作前应先核对系统方式、设备名称、编号和位置，操作中应认真执行监护复诵制度（单人操作时也应高声唱票），宜全过程录音。操作过程中应按操作票填写的顺序逐项操作。每操作完一步，应检查无误后作一个 '√' 记号，全部操作完毕后进行复查" 的规定。

### 案例 88 无票消缺，私自攀登设备

1. 事故经过

××公司××班对承建的 110kV××变电站 35kV 和 10kV 设备进行消缺（变压器已投运），班长叶××与张××负责消除 10kV 设备缺陷。现场未办理工作票，张××到控制室取出 10kV 高压配电室钥匙，独自拿上扳手进入 10kV 高压配电室，沿 101 断路器间隔后网门程序锁具向上攀登，准备进行缺陷处理时，过桥母线（对地距离不足）对人体放电，

造成 10kV 过桥母线三相弧光短路,变压器差动保护动作,断路器跳闸,同时张××从 1.2m 高处坠落,其肩臂部、胸部电弧灼伤。

*2. 存在问题*

现场未办理工作票,单人工作。工作票、操作票管控执行不力。无票作业、无票操作的现象仍普遍存在。违反 Q/GDW 1799.1—2013《国家电网公司电力安全工作规程　变电部分》6.3.1:"在电气设备上的工作,应填用工作票或事故紧急抢修单";5.4.2 "在高压设备上工作,应至少由两人进行,并完成保证安全的组织措施和技术措施";6.3.11.5:"工作班成员:a)熟悉工作内容、工作流程,掌握安全措施,明确工作中的危险点,并在工作票上履行交底签名确认手续。"

# 第二节　外来人员管理规定及管理问题

## 一、外来人员运维管理规定

(1)外来人员是指除负责变电站管理、运维、检修人员外的各类人员(如:外来参观人员、工程施工人员等)。(《国家电网公司变电运维管理规定》第一百五十二条)

(2)无单独巡视设备资格的人员到变电站参观检查,应在运维人员的陪同下方可进入设备场区。(《国家电网公司变电运维管理规定》第一百五十三条)

(3)外来参观人员必须得到相关部门的许可,到运维班办理相关手续、出示有关证件,得到允许后,在运维人员的陪同下方可进入设备场区。(《国家电网公司变电运维管理规定》第一百五十四条)

(4)对于进入变电站工作的临时工、外来施工人员必须履行相应的手续、经安全监察部门进行安全培训和考试合格后,在工作负责人的带领下,方可进入变电站。如在施工过程中违反变电站安全管理规定,运维人员有权责令其离开变电站。(《国家电网公司变电运维管理规定》第一百五十五条)

(5)外来施工队伍到变电站必须先由工作负责人办理工作票,其他人员应在非设备区等待,不得进入主控室及设备场区;工作许可后,外来施工队伍应在工作负责人带领和监护下到施工区域开展工作。(《国家电网公司变电运维管理规定》第一百五十六条)

(6)严禁施工班组人员进入工作票所列范围以外的电气设备区域。发现上述情况时,应立即停止施工班组的作业,并报告当班负责人或相关领导。(《国家电网公司变电运维管理规定》第一百五十七条)

(7)发包单位应对承包单位项目负责人、专职安全生产管理人员等进行全面的安全技术交底,共同勘查现场,填写勘察记录,指出危险源和存在的安全风险,明确安全防护措施,提供安全作业相关资料信息,并应有完整的记录或资料。[国网(安监/4)853—2017《国家电网公司业务外包安全监督管理办法》第二十九条]

（8）对需到生产运行场所施工作业的承包单位相关人员，发包单位应对其进行《电力安全工作规程》考试，合格后经设备运维管理单位认可方可进场开展工作。[国网（安监/4）853—2017《国家电网公司业务外包安全监督管理办法》第三十一条]

（9）进场施工作业前，发包单位应依据承包合同及安全协议，对承包单位进场人员及相关设备进行核查，不足承包合同及安全协议有关条款规定的，不得允许进场。核查承包单位进场项目负责人、专职安全生产管理人员、特种作业人员及其他作业人员的劳动合同、身份信息、执业资格、持证上岗、人证一致、安全培训考试、工伤保险意外伤害保险办理等情况；核查承包单位进场施工机械、工器具、安全用具及安全防护设施明细表及其检验合格证明等情况。[国网（安监/4）853—2017《国家电网公司业务外包安全监督管理办法》第三十二条]

（10）承包单位进场施工作业人员应保持稳定，上岗时应佩戴有本人照片、单位、姓名、工种、有效期等信息"胸卡"。项目负责人、专职安全生产管理人员、特殊工种人员等核心人员变动必须报发包单位批准，并同步更新登记信息。[国网（安监/4）853—2017《国家电网公司业务外包安全监督管理办法》第三十八条]

（11）采取劳务外包或劳务分包的项目，劳务人员不得独立承担危险性大、专业性强的施工作业，必须在发包有经验人员的带领和监护下进行。[国网（安监/4）853—2017《国家电网公司业务外包安全监督管理办法》第四十四条]

（12）在生产运行场所施工作业，发包单位应事先向承包单位进行专项安全技术交底，组织承包单位制订安全措施；管理人员应与施工人员"同进同出"。[国网（安监/4）853—2017《国家电网公司业务外包安全监督管理办法》第四十五条]

（13）在生产运行场所施工作业，应严格执行工作票制度，并实行"双签发"。发包单位和承包单位双方工作票签发人在工作票上分别签名，各自承担相应的安全责任。[国网（安监/4）853—2017《国家电网公司业务外包安全监督管理办法》第四十六条]

## 二、外来人员管理存在的问题

### 案例89 监护人对外来人员监护不到位

1. 事故经过

××公司 110kV××变电站工作人员对部分停电设备进行清扫、消缺、刷相序漆工作，当日，该变电站 35kV××、××线隔离开关线路侧带电。工作负责人为史××（当日值班负责人），站长师××对全站人员分配了具体工作，并让史××联系某制药厂电工联××、来××和一名机修工张××协助工作。

史××带领 3 人到 35kV 设备区，向其指明设备带电部位和工作范围，重点交待××、××线隔离开关带电不许工作。当工作至 35kVⅡ母电压互感器时，史××让 3 人稍做休息后再继续刷漆，随后，监护人史××去清扫××线断路器端子箱。

在无人监护的情况下，联××、来××上架构刷完 35kVⅡ母电压互感器隔离开关（10

号间隔）后，沿备用架构（11 号间隔）向××线隔离开关（12 号间隔）移动，扶梯人张××说：你们下来，沿梯子上。联××、来××二人未听劝告，继续向3527××线隔离开关所在架构走去。当联××进入 12 号间隔背对××线 C 相隔离开关时，腰部右侧以下部位触电，倒在 35kV ××线 C 相隔离开关上，送医院抢救无效死亡。

2. 存在问题

（1）外来人员安全意识薄弱，现场外来作业人员对设备带电部位、作业危险点不清楚。违反 Q/GDW 1799.1—2013《国家电网公司电力安全工作规程　变电部分》4.4.4 "参与公司系统所承担电气工作的外单位或外来人员应熟悉本规程，经考试合格，并经设备运维管理单位认可，方可参加工作。工作前，设备运维管理单位应告知现场电气设备接线情况、危险点和安全注意事项"。

（2）监护人对外来人员监护不到位。6.3.11.2 "工作负责人（监护人）：e）监督工作班成员遵守本规程，正确使用劳动防护用品和安全工器具以及执行现场安全措施"；6.5.1 "工作负责人、专责监护人应始终在工作现场，对工作班人员的安全认真监护，及时纠正不安全的行为"的规定。

（3）现场扶梯人员正确制止外来人员违章作业。违反 Q/GDW 1799.1—2013《国家电网公司电力安全工作规程　变电部分》4.5 "任何人发现有违反本规程的情况，应立即制止，经纠正后才能恢复作业。各类作业人员有权拒绝违章指挥和强令冒险作业；在发现直接危及人身、电网和设备安全的紧急情况时，有权停止作业或者在采取可能的紧急措施后撤离作业场所，并立即报告。"的规定。

## 案例 90　外来人员擅自施工

1. 事故经过

220kV ××变电站由外包单位某电气安装公司对××1230、××1377 正母隔离开关刷漆。工作许可后，工作负责人对两名油漆工（外包单位雇佣的油漆工）进行安全措施交底并在履行相关手续后，开始油漆工作。完成了××1230 正母隔离开关油漆工作后，工作负责人朱××发现××1230 正母隔离开关垂直拉杆拐臂处油漆未刷到位，要求油漆工负责人汪××在××1377 正母隔离开关油漆工作完成后，对××1230 正母隔离开关垂直拉杆拐臂处进行补漆。随后，工作负责人朱××因要商量第二天的工作，通知油漆工汪××暂停工作，然后离开作业现场。而油漆工汪××、毛××为赶进度，未执行暂停工作命令，继续工作，在补漆时走错间隔，攀爬到与××1230 相邻的××1229 间隔的正母隔离开关上，当攀爬到距地面 2m 左右时，××1229 正母隔离开关 A 相对油漆工毛××放电，造成110kV 母线停电和人身灼伤，并且导致由该变电站供电的 3 个 110kV 变电站失压。

2. 存在问题

（1）外来人员不按照已定方案作业，工作现场管理混乱，盲目、擅自施工现象普遍存在。油漆工汪××、毛××为赶进度，未执行监护人暂停工作的命令，现场工作失去监护，误登带电设备。违反 Q/GDW 1799.1—2013《国家电网公司电力安全工作规程　变电部分》

6.3.11.5 "工作班成员：b）服从工作负责人（监护人）、专责监护人的指挥，严格遵守本规程和劳动纪律，在确定的作业范围内工作，对自己在工作中的行为负责，互相关心工作安全"的规定。

（2）外来人员安全意识薄弱，现场外来作业人员对设备带电部位、作业危险点不清楚。违反 Q/GDW 1799.1—2013《国家电网公司电力安全工作规程 变电部分》4.4.4 "参与公司系统所承担电气工作的外单位或外来人员应熟悉本规程，经考试合格，并经设备运维管理单位认可，方可参加工作。工作前，设备运维管理单位应告知现场电气设备接线情况、危险点和安全注意事项"。

（3）工作负责人朱××暂时离开工作现场未指定能胜任的人员临时代替。违反 Q/GDW 1799.1—2013《国家电网公司电力安全工作规程 变电部分》6.5.4 "工作期间，工作负责人若因故暂时离开工作现场时，应指定能胜任的人员临时代替，离开前应将工作现场交待清楚，并告知工作班成员。原工作负责人返回工作现场时，也应履行同样的交接手续"的规定。

### 案例 91　外包人员不清楚现场带点部位，擅自作业

1. 事故经过

500kV××变电站开展 1 号主变相关工作，当日计划开展 1 号主变 201 间隔 TA 除锈防腐工作，高空作业车驾驶员在工作监护人和工作班成员未到场的情况下，开展作业准备，将作业车停在 212 母联间隔（与 201 间隔相邻，运行状态）与 201 间隔之间，在调整作业车斗臂过程中对 212 间隔 B 相跨道路管母线放电。造成 220kV I、II 母跳闸，6 回 220kV 出线及所带 2 座 220kV 变电站失电，损失负荷 14.9 万 kW。

2. 存在问题

（1）对外来高空作业车驾驶人员的安全教育培训不到位，安全管控不力。违反 Q/GDW 1799.1—2013《国家电网公司电力安全工作规程 变电部分》4.3.2 "作业人员具备必要的电气知识和业务技能，且按工作性质，熟悉本规程的相关部分，并经考试合格。" 4.4.4 "参与公司系统所承担电气工作的外单位或外来人员应熟悉本规程，经考试合格，并经设备运维管理单位认可，方可参加工作。工作前，设备运维管理单位应告知现场电气设备接线情况、危险点和安全注意事项。"的规定。

（2）高空作业车驾驶人员在没有安排工作计划任务、未交待危险点和带电部位情况下私自作业，现场安全失控。违反 Q/GDW 1799.1—2013《国家电网公司电力安全工作规程 变电部分》9.9.1 "斗臂车操作人员应熟悉带电作业的有关规定，并经专门培训，考试合格、持证上岗。" 9.9.4 "高架绝缘斗臂车操作人员应服从工作负责人的指挥，作业时应注意周围环境及操作速度。在工作过程中，高架绝缘斗臂车的发动机不准熄火。接近和离开带电部位时，应由斗臂中人员操作，但下部操作人员不准离开操作台。"

## 第三节　安全工器具管理规定及管理问题

### 一、安全工器具运维管理规定

（1）变电运维班应配置充足、合格的安全工器具，建立安全工器具台账。安全工器具应统一分类编号，定置存放。（《国家电网公司变电运维管理规定》第一百二十九条）

（2）运维班每年应参加安全监察质量部门组织的安全工器具使用方法培训，新员工上岗前应进行安全工器具使用方法培训；新型安全工器具使用前应组织针对性培训。（《国家电网公司变电运维管理规定》第一百三十条）

（3）每半年开展安全工器具清查盘点，确保账、卡、物一致。（《国家电网公司变电运维管理规定》第一百三十一条）

（4）运维班应定期检查安全工器具，做好检查记录，对发现不合格或超试验周期的应隔离存放，做出"禁用"标识，停止使用。（《国家电网公司变电运维管理规定》第一百三十二条）

（5）应根据安全工器具试验周期规定建立试验计划表，试验到期前运维人员应及时送检，确认合格后方可使用。（《国家电网公司变电运维管理规定》第一百三十三条）

（6）安全工器具使用前，应检查外观、试验时间有效性等。（《国家电网公司变电运维管理规定》第一百三十四条）

（7）绝缘安全工器具使用前、使用后应擦拭干净，检查合格方可返库存放。（《国家电网公司变电运维管理规定》第一百三十五条）

（8）安全工器具宜根据产品要求存放于合适的温度、湿度及通风条件处，与其他物资材料、设备设施应分开存放。（《国家电网公司变电运维管理规定》第一百三十六条）

（9）安全工器具的保管及存放应满足国家和行业标准及产品说明书要求。（《国家电网公司变电运维管理规定》第一百三十七条）

（10）检查操作所用安全工器具、操作工具正常。包括：防误装置电脑钥匙、录音设备、绝缘手套、绝缘靴、验电器、绝缘拉杆、接地线、对讲机、照明设备等。（《国家电网公司变电运维管理规定》第六十七条）

（11）认真落实安全生产各项组织措施和技术措施，配备充足的、经国家认证认可的、经质检机构检测合格的安全工器具和防护用品，并按照有关标准、规定和规程要求定期检验，禁止使用不合格的安全工器具和防护用品，提高作业安全保障水平。（《国家电网有限公司十八项电网重大反事故措施（2018年修订版）及编制说明》1.5.1）

（12）对现场的安全设施，应加强管理、及时完善、定期维护和保养，确保其安全性能和功能满足相关标准、规定和规程要求。（《国家电网有限公司十八项电网重大反事故措施（2018年修订版）及编制说明》1.5.2）

## 二、安全工器具的违章使用问题

### 案例 92　未戴绝缘手套、未穿绝缘靴拉合隔离开关

1. 事故经过

35kV××变电站运行人员在操作合 2 号变压器 10kV 母线侧 10022 隔离开关时，发现该隔离开关三相均合不到位，在Ⅱ段母线上所有线路隔离开关、断路器未拉开和未挂接地线的情况下，擅自扩大工作范围，且未戴绝缘手套、未穿绝缘靴的情况下爬上绝缘梯，用扳手敲打变压器隔离开关。在敲打时因线路突然倒送电，触电死亡。

2. 存在问题

工作现场安全监督管理不到位，现场安全工器具管理存在缺失。违反《Q/GDW 1799.1—2013《国家电网公司电力安全工作规程　变电部分》6.3.11.5 "工作班成员：b）服从工作负责人（监护人）、专责监护人的指挥，严格遵守本规程和劳动纪律，在确定的作业范围内工作，对自己在工作中的行为负责，互相关心工作安全。c）正确使用施工器具、安全工器具和劳动防护用品" 的规定。

### 案例 93　雨天使用无防雨罩绝缘棒，未穿绝缘靴

1. 事故经过

××变电站抢修过程中，操作人员带故障合上隔离开关对线路送电，产生弧光，由于操作人员在雨天使用无防雨罩的绝缘棒，未穿绝缘靴，导致操作人员当场触电身亡。

2. 存在问题

作业现场未正确使用安全工器具，监护人员没有认真履行监护职责。违反 Q/GDW 1799.1—2013《国家电网公司电力安全工作规程　变电部分》4.2.1 "作业现场的生产条件和安全设施等应符合有关标准、规范的要求，工作人员的劳动防护用品应合格、齐备。" 6.3.11.2 "工作负责人（监护人）：e）监督工作班成员遵守本规程，正确使用劳动防护用品和安全工器具以及执行现场安全措施；" 的规定。

## 三、现场安全工器具管理存在的问题

### 案例 94　安全带超周期使用

××变电站工作现场一双绝缘手套超试验周期使用（应为 2020 年 9 月 7 日试验），绝缘受套超周期使用如图 4-3-1 所示。违反《电力安全工器具管理规定》第二十六条：安全工器具使用期间应按规定做好预防性试验。

### 案例 95　安全带超周期使用

××变电站工作现场使用的 5 条安全带均无试验合格证，如图 4-3-2 所示。违反《国家电网公司电力安全工器具管理规定》第二十七条：安全工器具经预防性试验合格后，应

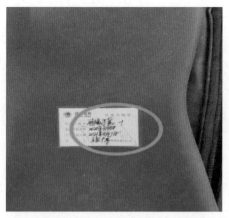

图4-3-1　绝缘受套超周期使用　　　图4-3-2　现场无合格证的安全带

由检验机构在合格的安全工器具上（不妨碍绝缘性能、使用性能且醒目的部位）牢固粘贴"合格证"标签或可追溯的唯一标识，并出具检测报告。

**案例96　绝缘杆未进行试验**

××运维班运维安具库的安具柜内接地线绝缘杆均未做试验，如图4-3-3所示。违反《国家电网公司电力安全工器具管理规定》第二十六条：安全工器具使用期间应按规定做好预防性试验。

**案例97　验电棒不合格**

××变电站安全工器具柜中10kV 2号验电器不合格（声光信号均失效），如图4-3-4所示。违反《国家电网公司电力安全工器具管理规定》安全工器具检查与使用要求第二（一）条电容性验电器检查要求第4条：验电棒应自检三次，指示器均应有视觉和听觉信号出现。

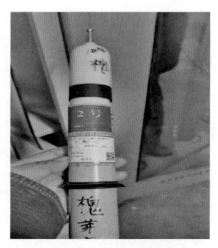

图4-3-3　运维工具库里未做试验的绝缘杆　　图4-3-4　不合格的验电棒